THE ATLAS OF EXTREME WEATHER AND CLIMATE EVENTS IN CHINA

中国极端天气气候事件图集

高 荣 邹旭恺 王遵娅 张 强 等 编著

气象出版社
China Meteorological Press

内容简介

《中国极端天气气候事件图集》主要包括中国区域极端高温、低温、强降水、干旱等11个极端天气气候事件指标的极端阈值、历史极值、50年一遇阈值、100年一遇阈值的空间分布图44幅，逐月日最高气温极值、日最低气温极值、日降水量极值空间分布图36幅，还给出了全国达到极端高温阈值、极端连续高温日数阈值、极端低温阈值、极端连续降温阈值、极端日降水量阈值、极端连续降水日数阈值、极端连续无降水日数阈值、极端连续干旱日数阈值站次数历年变化图8幅。同时，本图集还给出了中国主要城市极端事件阈值、极值和100年一遇阈值，逐月日最高气温极值、逐月日最低气温极值和逐月日降水量极值列表6张，供使用者参考。

本图集作为极端事件监测方面的资料和工具书，可供气象、农业、水利、环境等领域的科研、业务人员使用，也可供灾害防御、规划等有关部门决策参考。

图书在版编目(CIP)数据

中国极端天气气候事件图集/高荣等编著. —北京：气象出版社，2012.8
ISBN 978-7-5029-5537-3

Ⅰ. ①中… Ⅱ. ①高… Ⅲ. ①气象灾害－史料－中国－图集 Ⅳ. ①P429-64

中国版本图书馆CIP数据核字(2012)第170465号

审图号：国审字(2012)第156号

出版发行：气象出版社
地　　址：北京市海淀区中关村南大街46号　　邮政编码：100081
总 编 室：010-68407112　　发 行 部：010-68409198
网　　址：http://www.cmp.cma.gov.cn　　E_mail：qxcbs@263.net
责任编辑：陈　红　　终　　审：周诗健
封面设计：燕　彤　　责任技编：陈　红
责任校对：石　仁
印　　刷：北京天成印务有限责任公司
开　　本：880 mm×1230 mm　1/16　　印　张：10
字　　数：300千字　　印　次：2012年8月第1次印刷
版　　次：2012年8月第1版
定　　价：188.00元

《中国极端天气气候事件图集》
编制人员

一、 编审委员会

主　任：宋连春

副主任：张　强　巢清尘

委　员：张培群　张存杰　任国玉　封国林　陈　峪　陈艳春　程炳岩　马振峰

　　　　许遐祯　刘海波　祝昌汉　高　荣

二、 编制组

组　长：高　荣

副组长：邹旭恺　王遵娅

成　员：张　强　刘传凤　何文平　赵海燕　陈鲜艳　龚志强　唐红玉　邹　瑾

　　　　王维国　张顺谦　项　瑛　徐良炎　杨贤为　姚佩珍　阎宇平　李　珍

　　　　吴国玲　罗　斌

三、 参加单位

主编单位：国家气候中心　中国气象局预报与网络司

参编单位：国家气象中心　重庆市气候中心　山东省气候中心　四川省气候中心

　　　　　江苏省气候中心

制图单位：北京北软数通科技有限责任公司

前　言

　　我国地域广阔，气候与自然地理条件复杂，各种极端天气气候事件频繁发生。在全球气候变化背景下，极端天气气候事件发生的频率和强度都出现变化，加上经济迅速发展、人口增加等因素，其对经济社会和人类生存环境的影响日益严重。我国 2006 年川渝特大高温伏旱、2008 年南方低温雨雪冰冻、2011 年长江中下游旱涝急转等，这些频繁发生的极端事件及其引发的对社会和环境的不利影响，引起了政府决策部门和社会公众的广泛关注。加强防灾减灾能力建设，降低极端天气气候事件风险，减轻社会经济损失，是保障国家安全、维持经济社会可持续发展的迫切要求，事关人民福祉安康，事关社会和谐稳定。

　　胡锦涛总书记在中共中央政治局第六次集体学习后指出，要提高应对极端气象灾害的综合监测预警能力、抵御能力、减灾能力。加强公共气象服务能力，提高极端气象灾害的综合监测预警能力、抵御能力和减灾能力，是落实党中央国务院领导对气象防灾减灾工作系列指示的具体行动。编制《中国极端天气气候事件图集》，将为气象、农业、水文、民政等业务部门开展极端事件监测及相关的科研、院校单位开展研究工作提供基础参考资料，是一部具有实用价值的工具书，对进一步提高社会公众对极端事件的科学认识、提高防灾减灾能力具有重要的意义。

　　《中国极端天气气候事件图集》是国家气候中心等单位的几十位专家辛勤工作的成果，是在中国气象局极端事件监测业务工作成果总结基础上完成的。该图集包含极端高温、极端低温、极端降水、极端干旱等 4 类 11 个极端天气气候事件监测指标的阈值、历史极值、50 年一遇阈值、100 年一遇阈值图和列表，以及中国 248 个地区以上气象台站逐月日最高气温极值、日最低气温极值、日降水量极值的列表，所使用的观测气象资料年代长、精度高、观测站网密度大；所使用的极端天气气候事件监测技术指标，长期应用于极端天气气候事件监测业务工作中。

　　衷心地感谢参与编制和审阅的专家们，也真诚地期望得到各界读者的惠正，图集中的不足和疏漏之处，欢迎广大读者批评指正。

编　者

2012 年 3 月 28 日

编 写 说 明

一、资料来源

本图集所使用的资料包括 1951—2011 年中国大陆地区 1031 个地面气象观测站（见图 1）逐日最高气温、最低气温和降水量，资料来源于中国气象局国家气象信息中心。本图集所使用的资料和统计结果未包含香港、澳门和台湾地区。

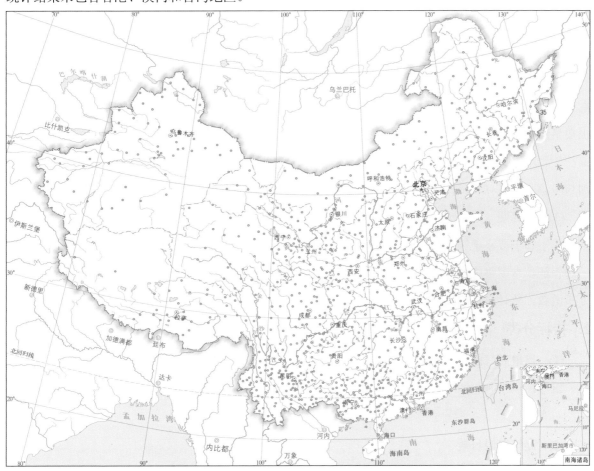

图 1　《中国极端天气气候事件图集》资料站点分布

二、极端天气气候事件定义

极端天气气候事件通常对社会经济和环境产生重大影响，其定义目前尚无统一标准，并且在不同气候类型下具有很强的地域性和季节性差异。本图集中对于极端天气气候事件的定义没有考虑季节性差异，主要针对中国区域来定，参考各种常用的定义方法，将极端天气气候事件定义为在一定时期内，某一区域或地点发生的出现频率较低的或有相当强度的对人类社会有重要影响的天气气候事件。极端天气气候事件包含了两层意义：一是发生的概率（频率）相对较低（概率在 5% 以下，从统计意义上达到 20 年一遇）；二是有相当强度，对人类社会有重大影响。

I

三、极端天气气候事件指标方法

1. 指标方法 [1]

(1) 极值

某气象站建站至 2011 年监测到某指标的极大（或极小）值。

(2) 极端阈值

采用排位法计算，对某指标历史序列从小到大进行排位，定义序列第 95 百分位值为极端多（大）事件阈值，第 5 百分位值为极端少（小）事件阈值。

具体计算方法为：取气候标准期（1981—2010 年）内某一指标（如：日降水量）每年的极值和次极值，得到一个包含 60 个样本的序列；对序列从小到大进行排序，取第 3 个值为发生偏少（小）极端事件阈值，小于等于该阈值的事件为极端偏少（小）事件；第 58 个值为偏多（大）极端事件阈值，大于等于该阈值的事件为极端偏多（大）事件。如果某指标在气候标准期内资料长度不够 30 年，则利用 2000 年以后资料补齐，如果气候标准期内缺 3 年以上资料，则指标极端阈值记为缺测。

(3) 重现期

大于等于或小于等于某一水平的随机事件在较长时期内重复出现的平均时间间隔，常以多少年一遇表征。本图集选用广义极值分布模型（GEV，丁裕国和江志红，2009[2]）拟合各指标序列的概率分布函数，统计指标的重现期。

2. 指标分类

(1) 日最高气温

指 24 小时（北京时间 20—20 时）内百叶箱（离地 1.5m）空气温度的最高值，一般出现在 14 时左右。

(2) 连续高温日数

指日最高气温连续≥35℃的日数称为连续高温日数。

(3) 日最低气温

指 24 小时（北京时间 20—20 时）内百叶箱（离地 1.5m）空气温度的最低值，一般出现在 05 时左右。

(4) 日降温

当日最低气温较前一日降低的幅度称为日降温，要求当日最低气温必须≤22℃。

(5) 连续降温

日最低气温连续降低的过程称为连续降温，过程最高值与最低值的差值即连续降温幅度，且过程最低气温必须≤22℃。

---

1 本图集中所定义的极端天气气候事件均是相对于单站来说的，没有涉及区域极端事件.

2 丁裕国，江志红. 2009. 极端气候研究方法导论. 北京：气象出版社：北京.

(6) 日降水量

指 24 小时（20-20 时）内的未经蒸发、渗透、流失的降水，在地表水平面上积累的深度。

(7) 3 日降水量

指相邻 3d 日降水量的累积值。

(8) 连续降水量

指日降水量连续≥0.1mm 的累积值。

(9) 连续降水日数

指日降水量连续≥0.1mm 的天数。

(10) 连续无降水日数

指日降水量连续为 0 的天数，微量降水也记为 0。

(11) 连续干旱日数

指综合气象干旱指数 *CI* 等级 [1] 在中等强度以上干旱的连续日数。

四、广义极值分布模型（GEV）简介 [2]

气候要素的极端值本身是一种复杂的(难以预测的) 随机变量。即使目前的动力气候数值模拟已有相当高的技巧水平用于描述气候系统，但对于极端事件的模拟能力依然较弱。以往对于模拟结果的评估也仅限于平均气候状态的分析，对极端事件的分布规律不能很好地体现。广义极值分布模型（GEV）补充了这方面的不足，已经被水文和气象领域广泛应用于极值研究。极限值理论被认为由三种极值分布组成（Gumbel, Fréchet 和 Weibull分布），它的理论分布函数为：

$$F(x) = \begin{cases} \exp\left\{-\left[1-\kappa(x-\xi)/a\right]^{1/\kappa}\right\} & \kappa<0, x>\xi+a/\kappa \\ \exp\left\{-\exp\left[-(x-\xi)\right]\right\} & \kappa=0 \\ \exp\left\{-\left[1-\kappa(x-\xi)/a\right]^{1/\kappa}\right\} & \kappa>0, x<\xi+a/\kappa \end{cases} \tag{1}$$

其中 ξ 代表位置参数，决定分布的位置；a 是尺度参数，是分布曲线伸展范围的体现；κ 是形状参数，决定极端分布的类型：$\kappa=0$ 的时候是Gumbel分布，$\kappa>0$ 时是Weibull分布，$\kappa<0$ 时是Fréchet分布。

对于GEV分布参数的估计方法主要有最大似然法和L矩估计法，比较发现L矩估计法参数方法易于计算，并且对于小样本的计算更加稳定。因此本图集采用L矩参数估计方法计算并简单介绍该方法如下：

$$\lambda_1 = EX = \int_0^1 x(F)\mathrm{d}F \tag{2}$$

---

1 GB/T 20481—2006，气象干旱等级. 中华人民共和国国家标准. 北京：中国标准出版社，2006.

2 丁裕国，江志红. 2009. 极端气候研究方法导论. 北京：气象出版社.

III

$$\lambda_2 = \frac{1}{2}E(X_{2:2} - X_{1:2}) = \int_0^1 x(F)(2F-1)\mathrm{d}F \qquad (3)$$

$$\lambda_3 = \frac{1}{3}E(X_{3:3} - 2X_{2:3} + X_{1:2}) = \int_0^1 x(F)(6F^2 - 6F + 1)\mathrm{d}F \qquad (4)$$

其中 $\lambda_1, \lambda_2, \lambda_3$ 通过将统计量按顺序排列获得。λ_1 是位置参数，λ_2 是尺度参数(代表两个随机变量之间的距离)，λ_3 代表左右两边到中心的距离, 即为形状参数。

L 参数估计

$$\lambda_1 = \xi + (a/\kappa)[1 - \Gamma(1+\kappa)] \qquad (5)$$

$$\lambda_2 = (a/\kappa)\Gamma(1+\kappa)(1 - 2^{-\kappa}) \qquad (6)$$

$$\lambda_3 = (a/\kappa)\Gamma(1+\kappa)(-1 + 3\times 2^{-\kappa} - 2\times 3^{-\kappa}) \qquad (7)$$

GEV 分布参数估计的公式为：

$$\kappa = 7.8590 + 2.9554z^2 \qquad (8)$$

$$z = 2/(3 + \lambda_3/\lambda_2) - \ln 2/\ln 3 \qquad (9)$$

$$a = \lambda_2\kappa/[(1 - 2^{-\kappa})\Gamma(1+\kappa)] \qquad (10)$$

$$\xi = \lambda_1 + \alpha[\Gamma(1+\kappa) - 1]/\kappa \qquad (11)$$

GEV 重现期的公式是：

$$X_T = \begin{cases} \hat{\xi} + \hat{\alpha}(1 - [-\ln(1-1/T)])^{\hat{\kappa}}/\hat{\kappa} & \hat{\kappa} \neq 0 \\ \hat{\xi} - \hat{\alpha}[-\ln(1-1/T)] & \hat{\kappa} = 0 \end{cases} \qquad (12)$$

其中 X_T 为重现期值，T 为重现期。

五、项目资助

本图集由国家科技支撑项目"我国主要极端天气气候事件及重大气象灾害监测、检测和预测关键技术研究"第六课题"重大气象灾害综合服务业务系统研制"（2007BAC29B06）及中国气象局业务建设项目共同资助完成。

目 录

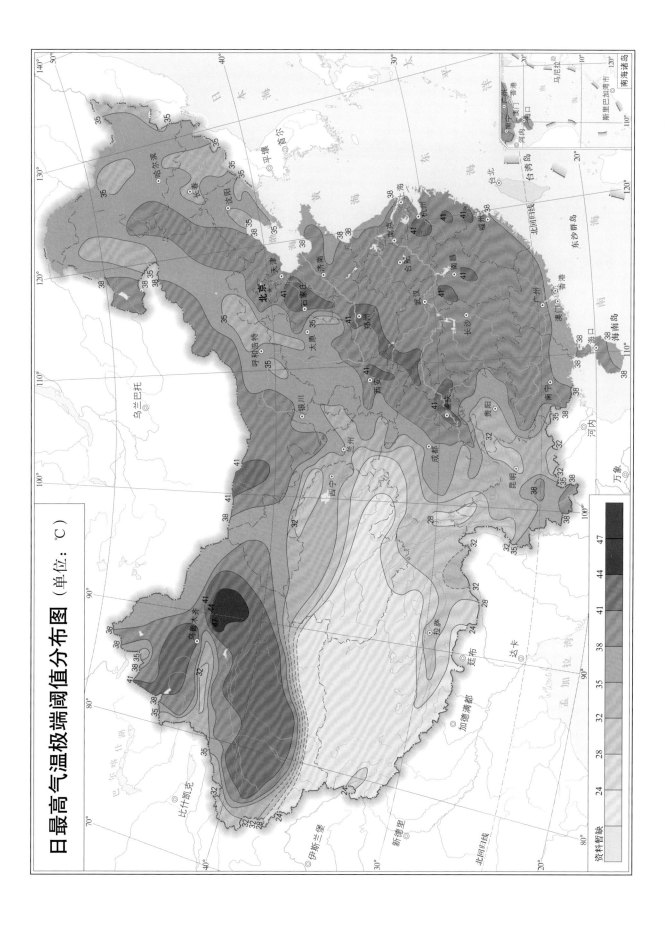

日最高气温极端阈值分布图（单位：℃）

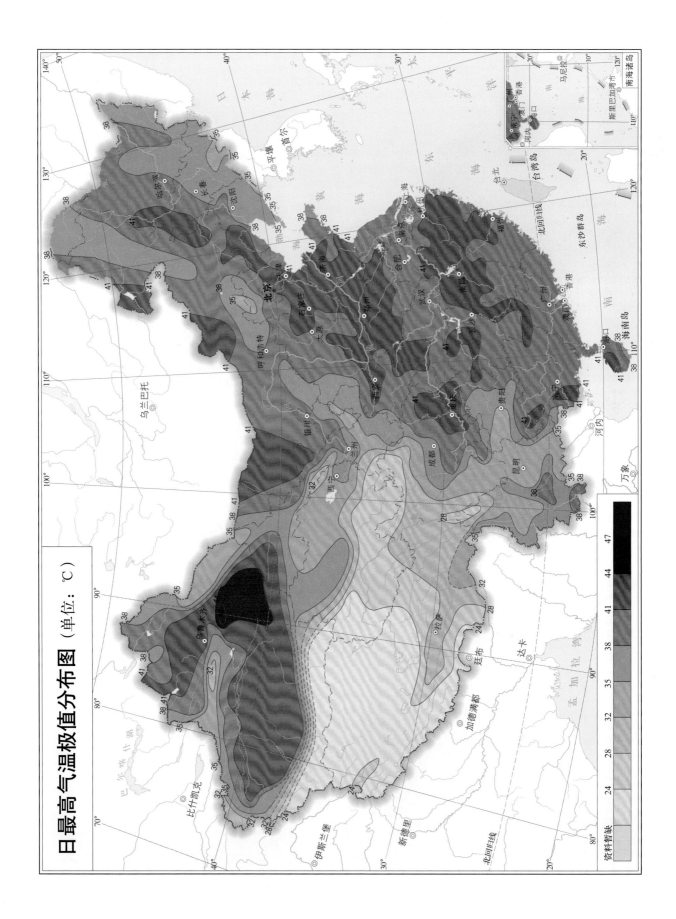

日最高气温极值分布图 (单位: ℃)

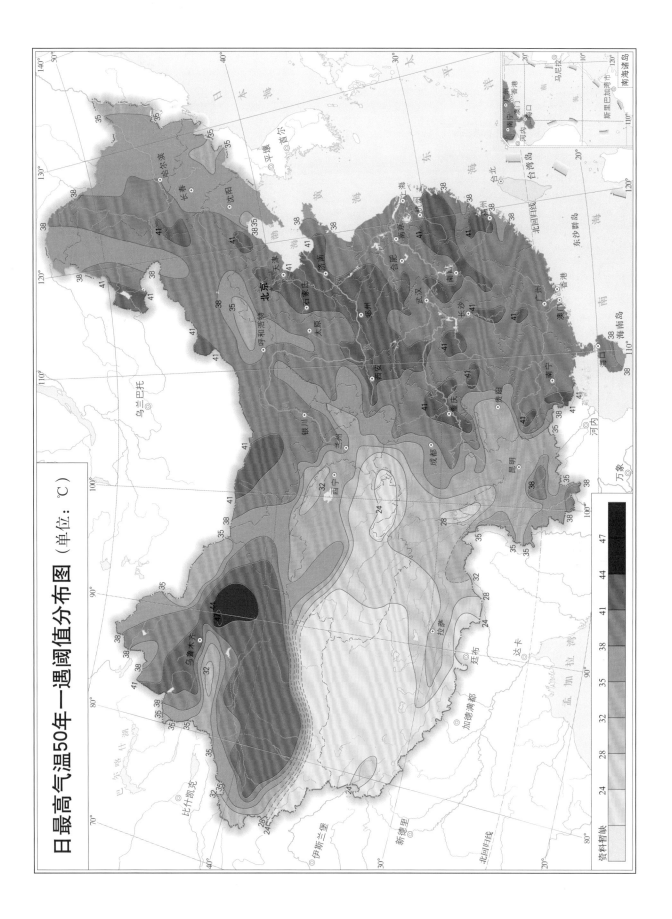

日最高气温50年一遇阈值分布图（单位：℃）

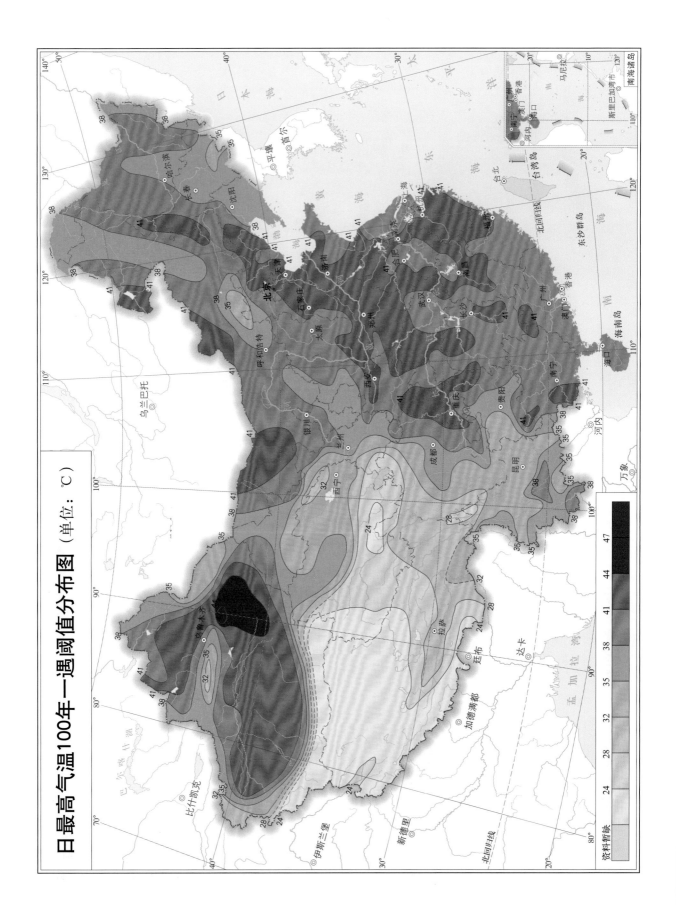

日最高气温100年一遇阈值分布图（单位：℃）

资料暂缺 24 28 32 35 38 41 44 47 ℃

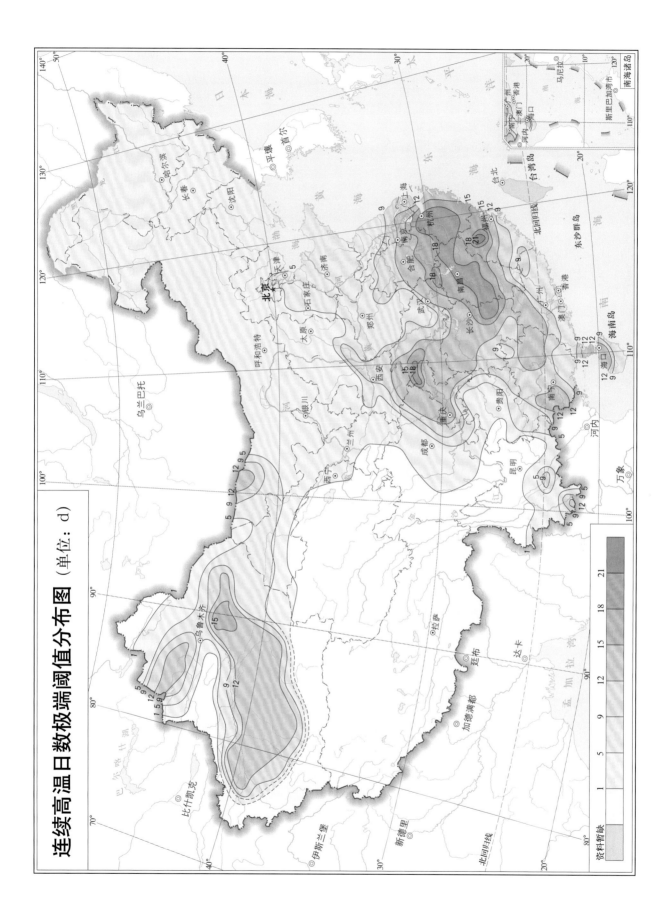

连续高温日数极端阈值分布图（单位：d）

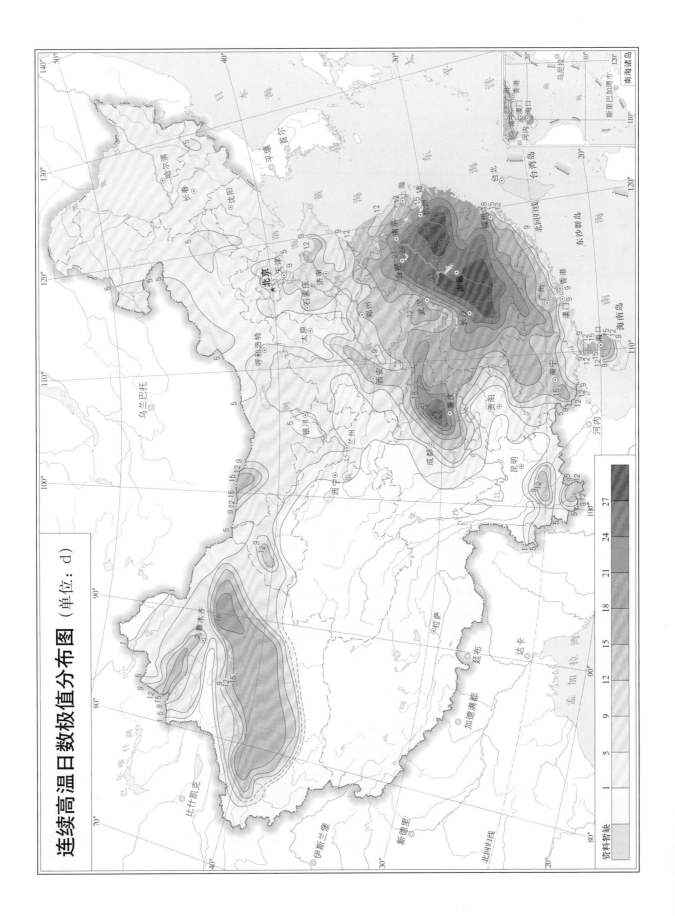

连续高温日数极值分布图（单位：d）

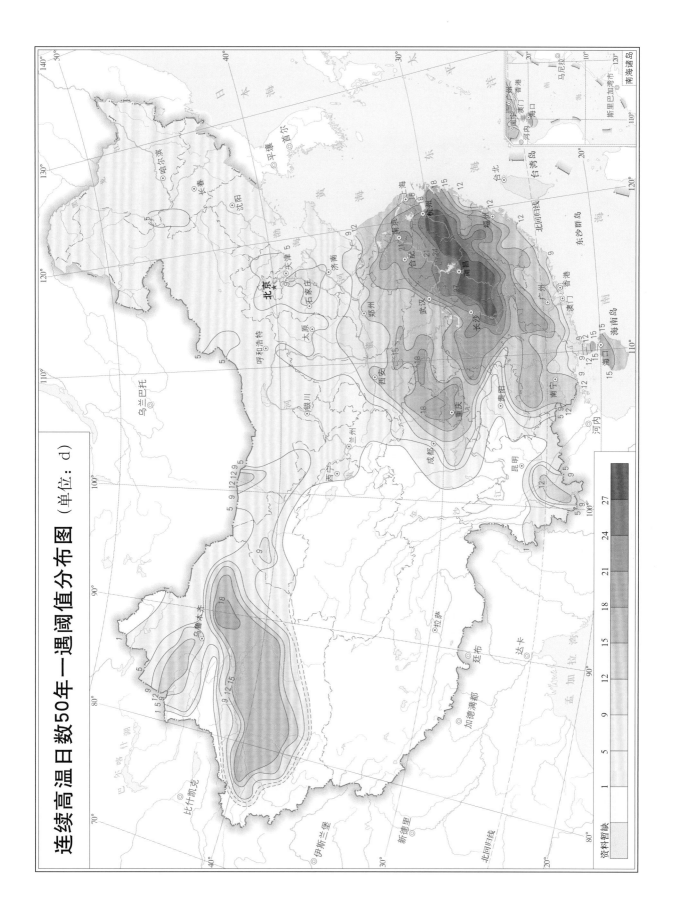

连续高温日数50年一遇阈值分布图（单位：d）

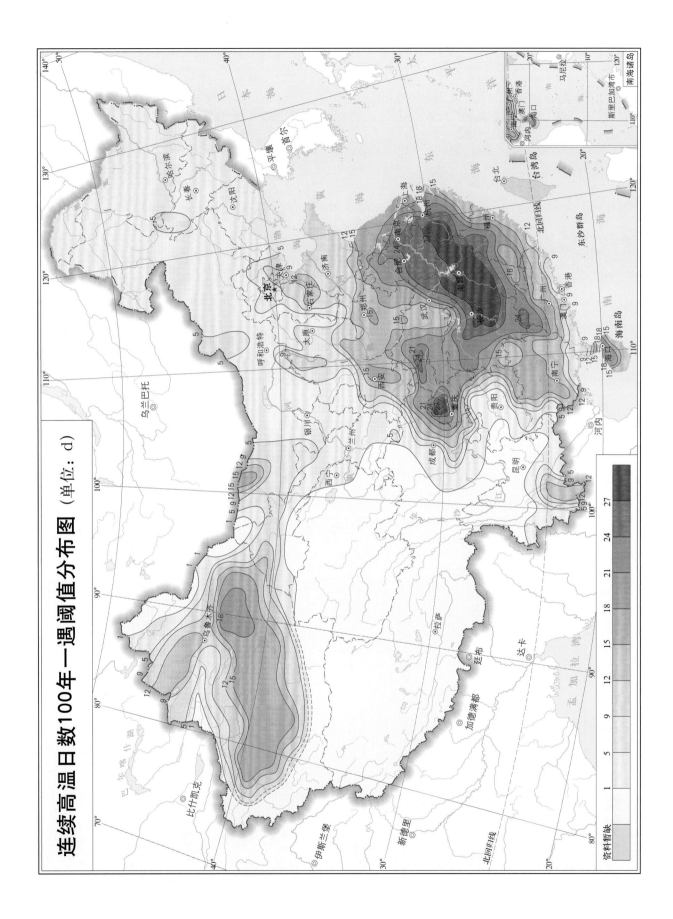

连续高温日数100年一遇阈值分布图（单位：d）

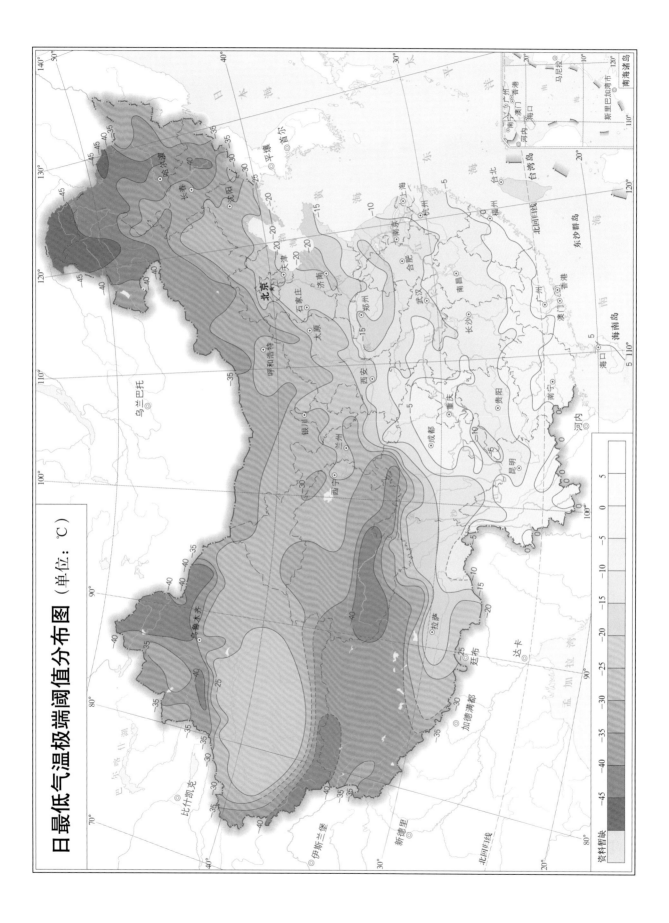

日最低气温极端阈值分布图（单位：℃）

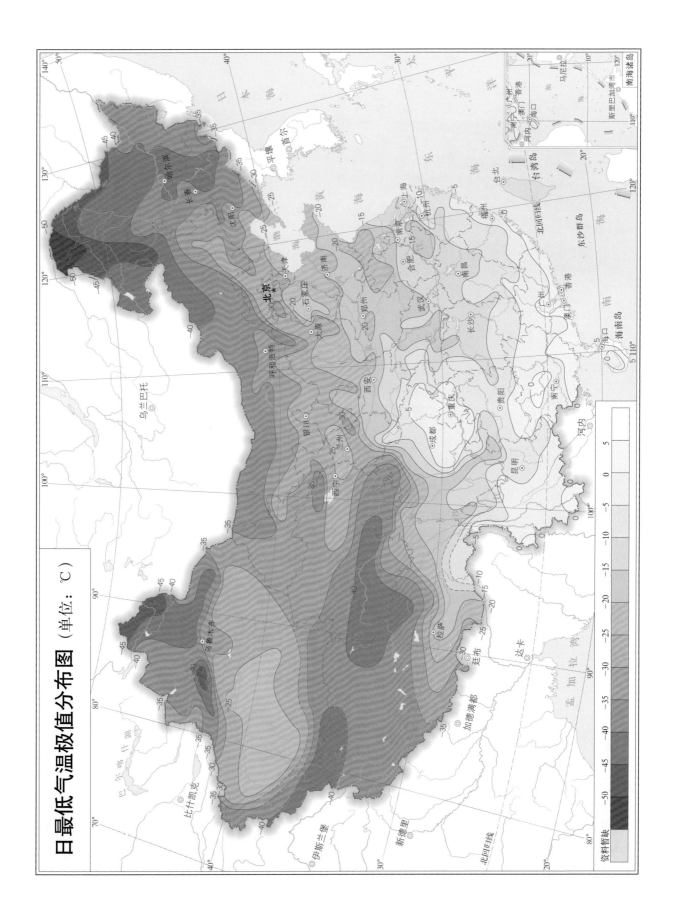

日最低气温极值分布图（单位：℃）

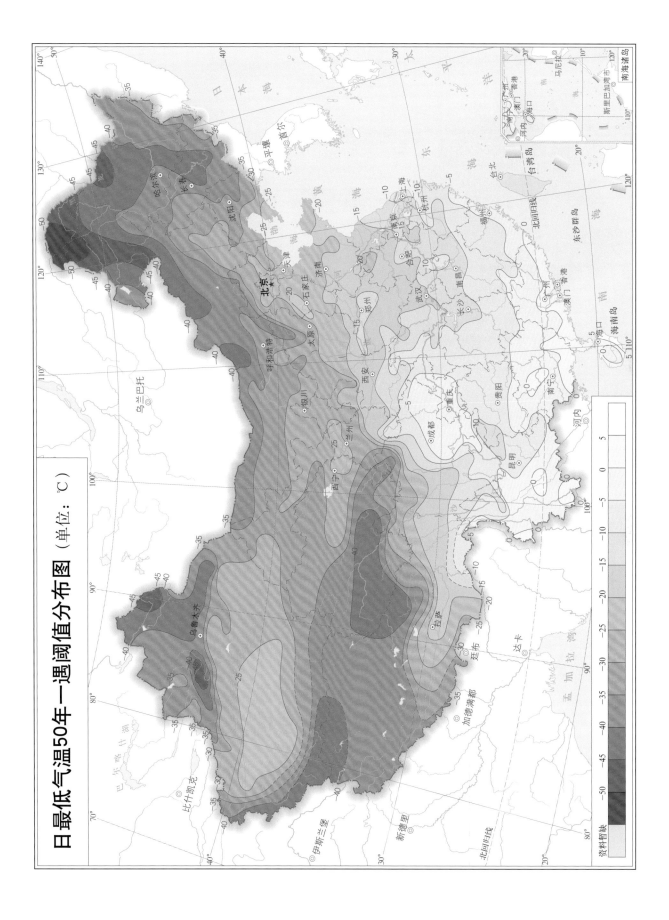

日最低气温50年一遇阈值分布图（单位：℃）

日最低气温100年一遇阈值分布图（单位：℃）

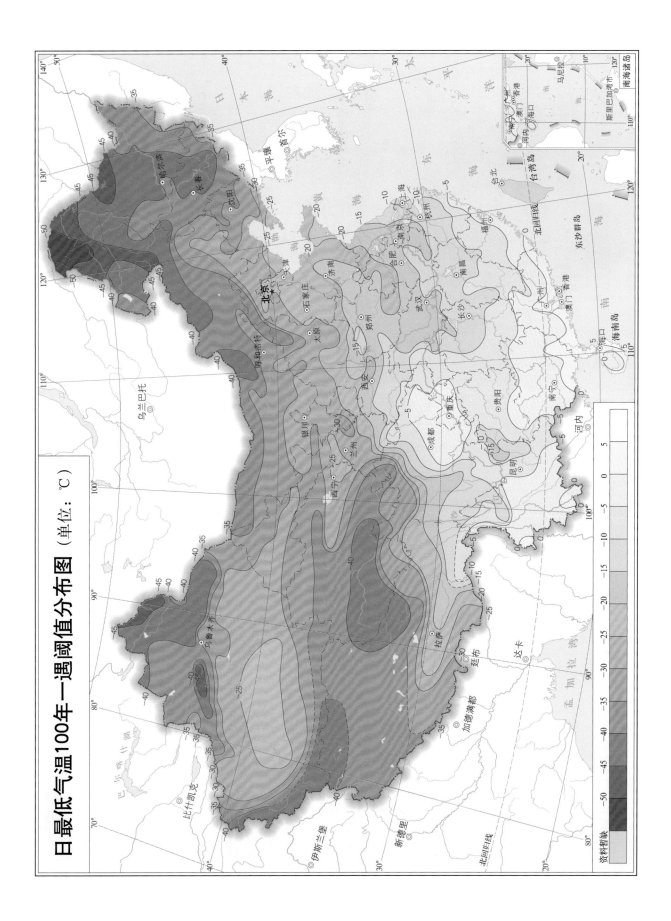

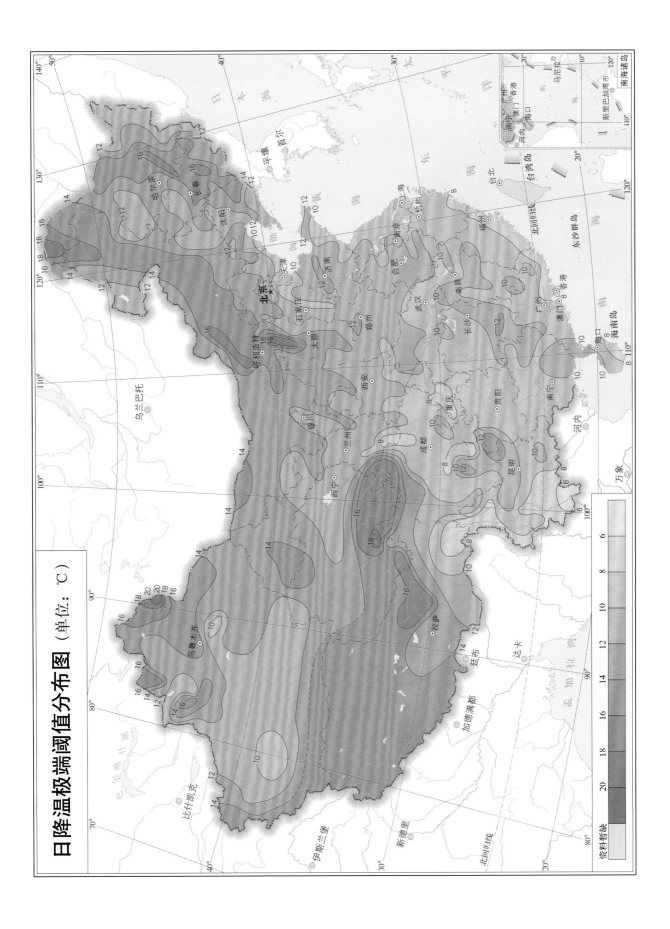

日降温极端阈值分布图（单位：℃）

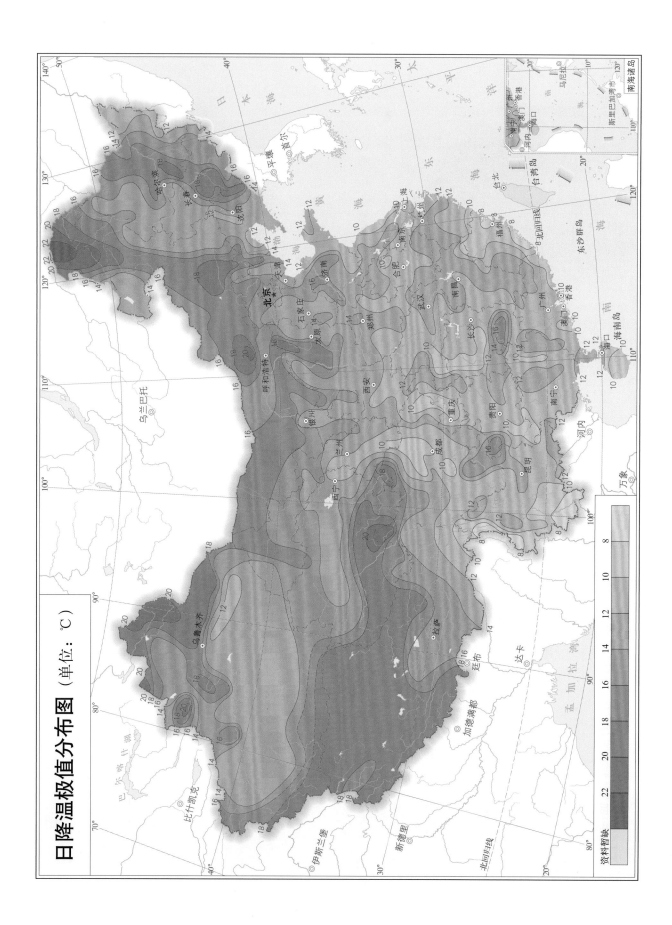

日降温极值分布图（单位：℃）

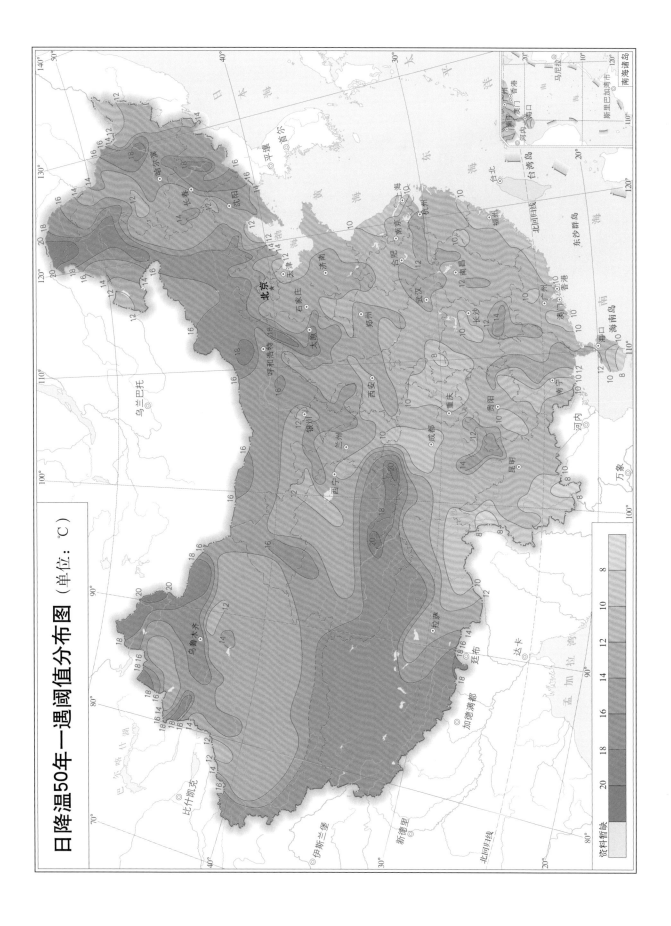

日降温50年一遇阈值分布图（单位：℃）

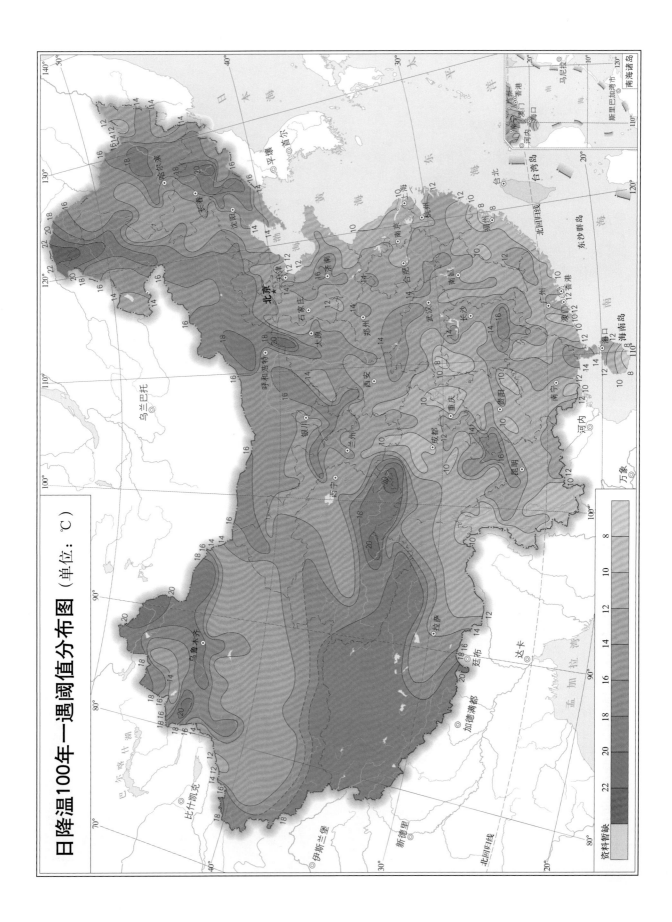

日降温100年一遇阈值分布图（单位：℃）

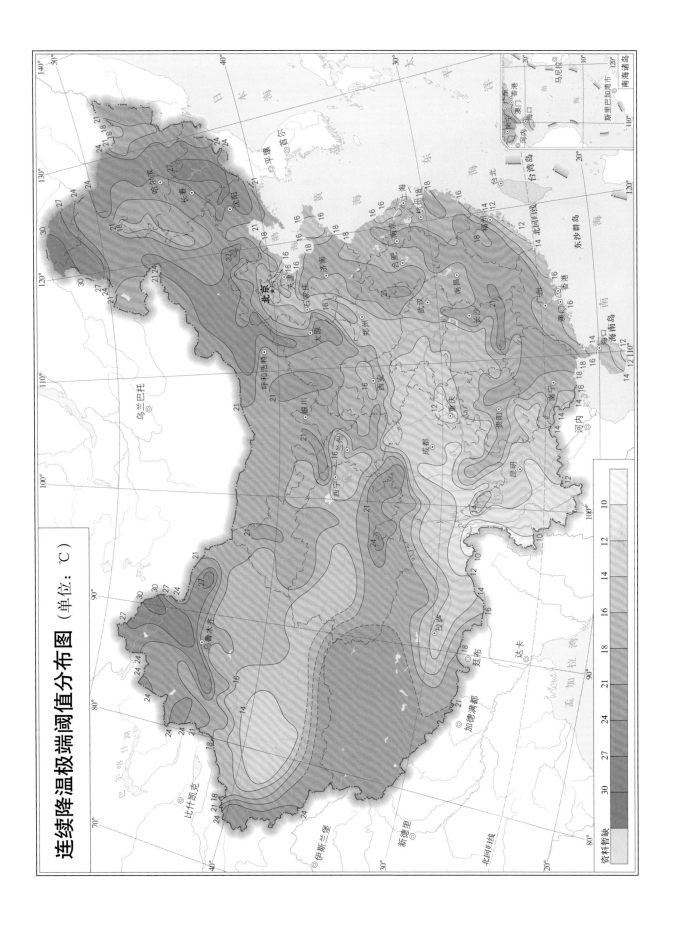

连续降温极端阈值分布图（单位：℃）

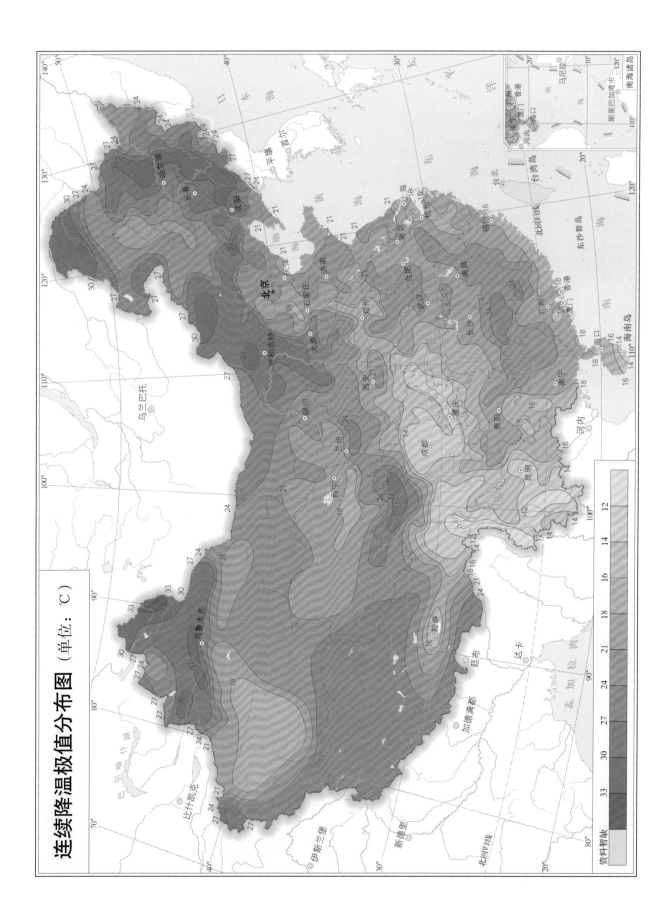

连续降温极值分布图（单位：℃）

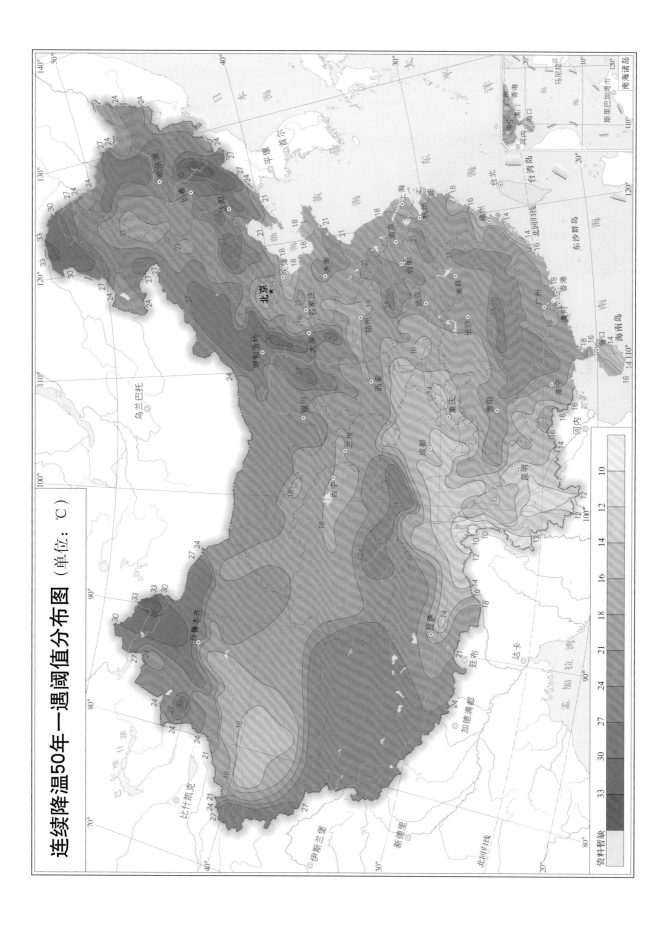

连续降温50年一遇阈值分布图（单位：℃）

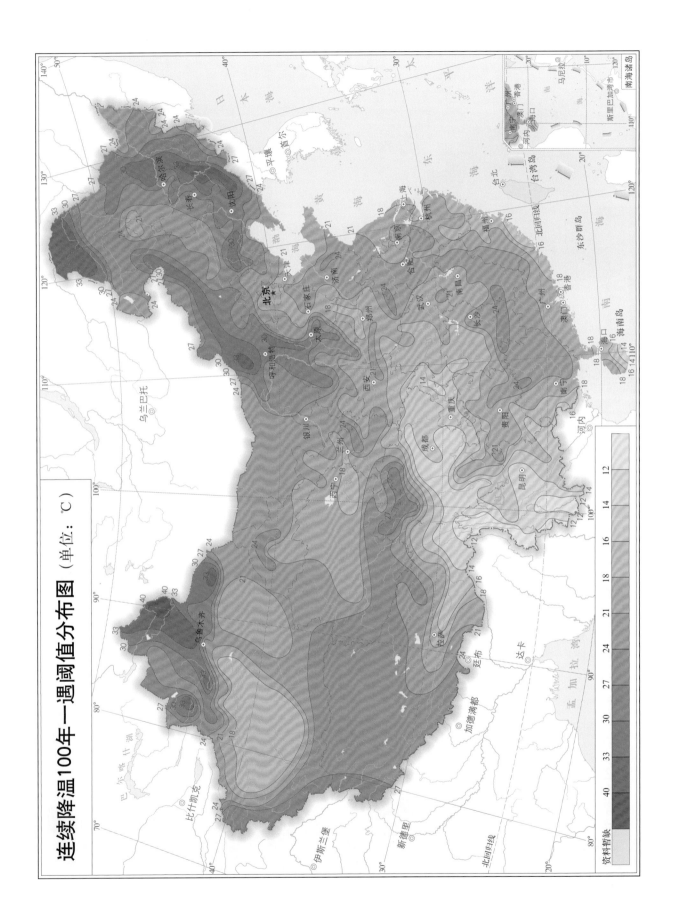

连续降温100年一遇阈值分布图（单位：℃）

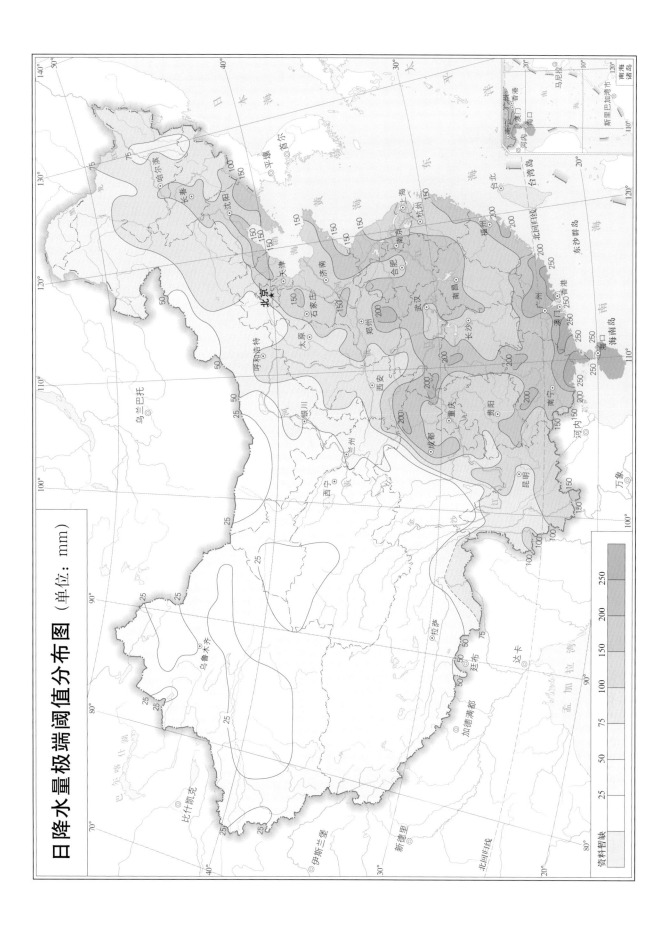

日降水量极端阈值分布图（单位：mm）

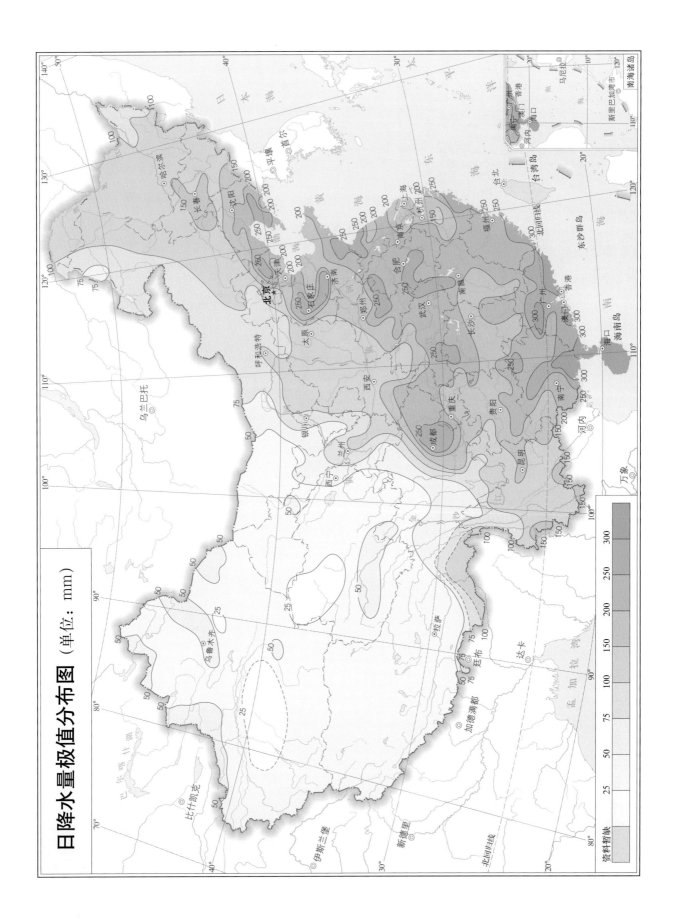

日降水量极值分布图（单位：mm）

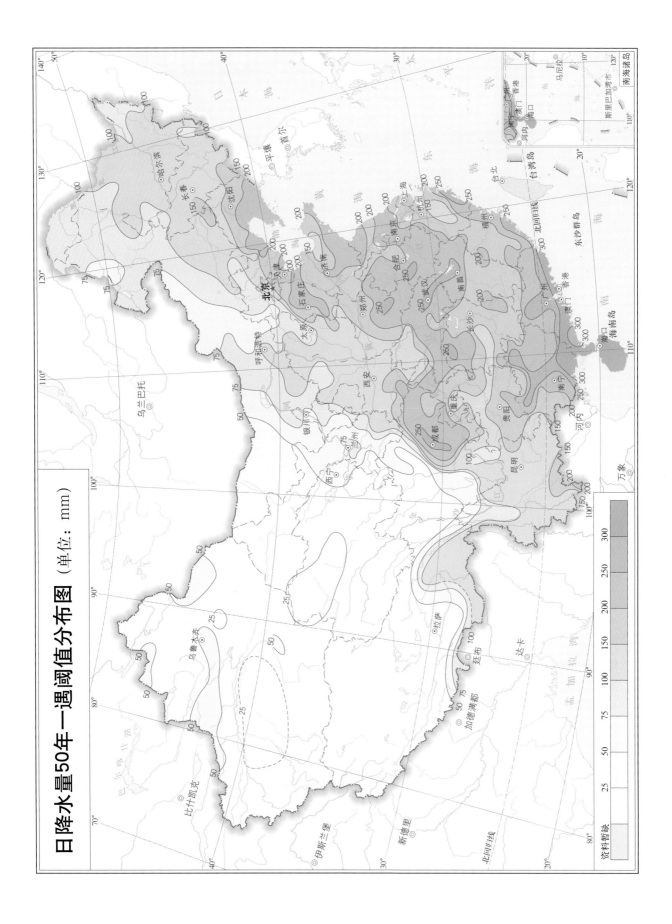

日降水量50年一遇阈值分布图（单位：mm）

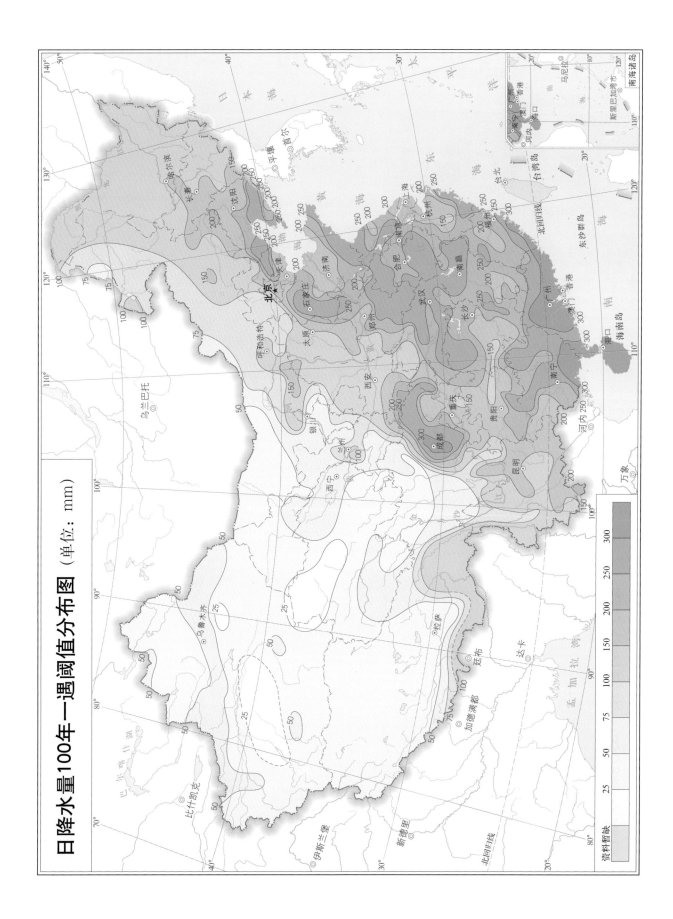

日降水量100年一遇阈值分布图（单位：mm）

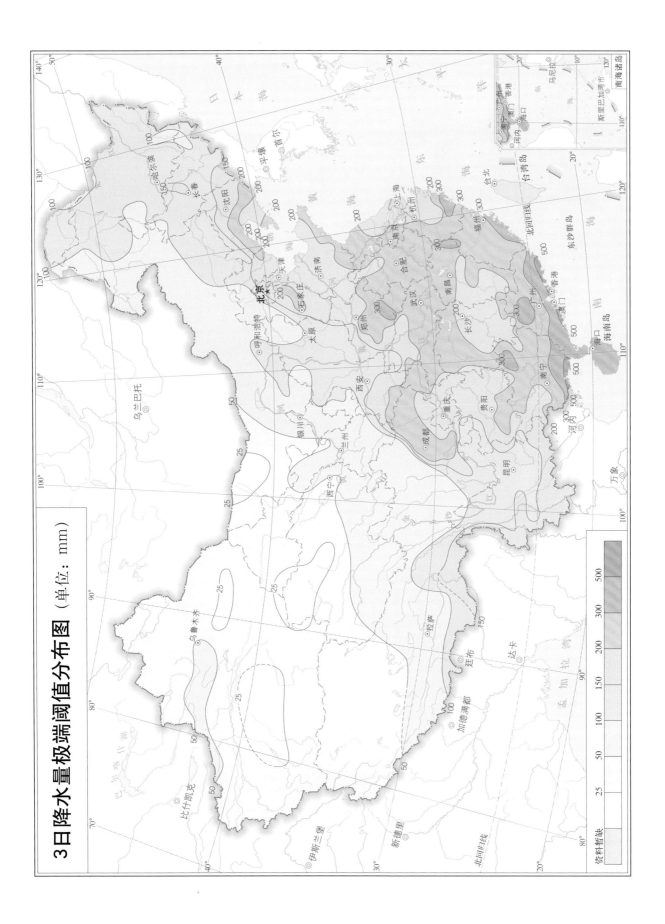

3日降水量极端阈值分布图（单位：mm）

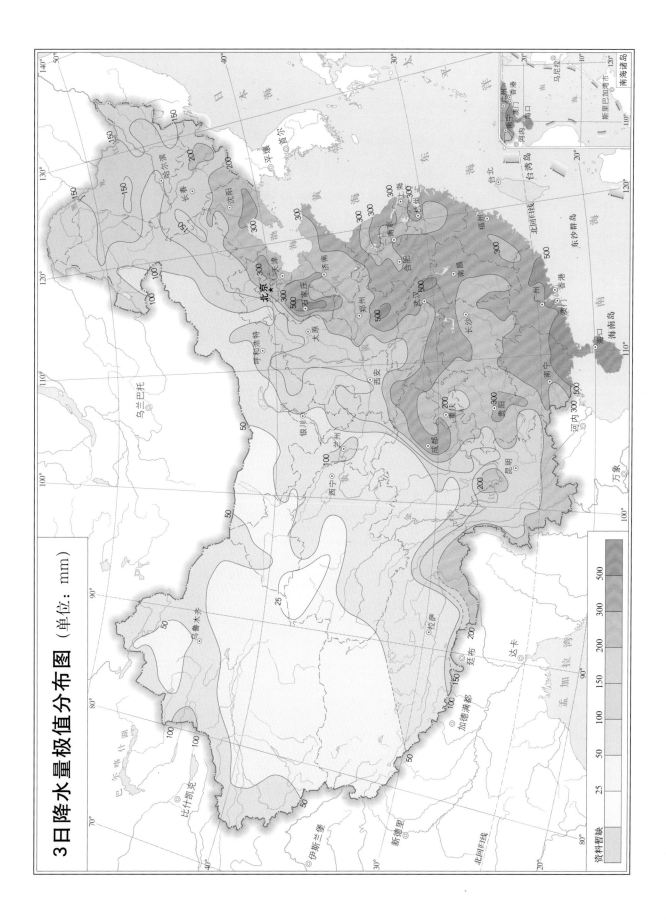

3日降水量极值分布图（单位：mm）

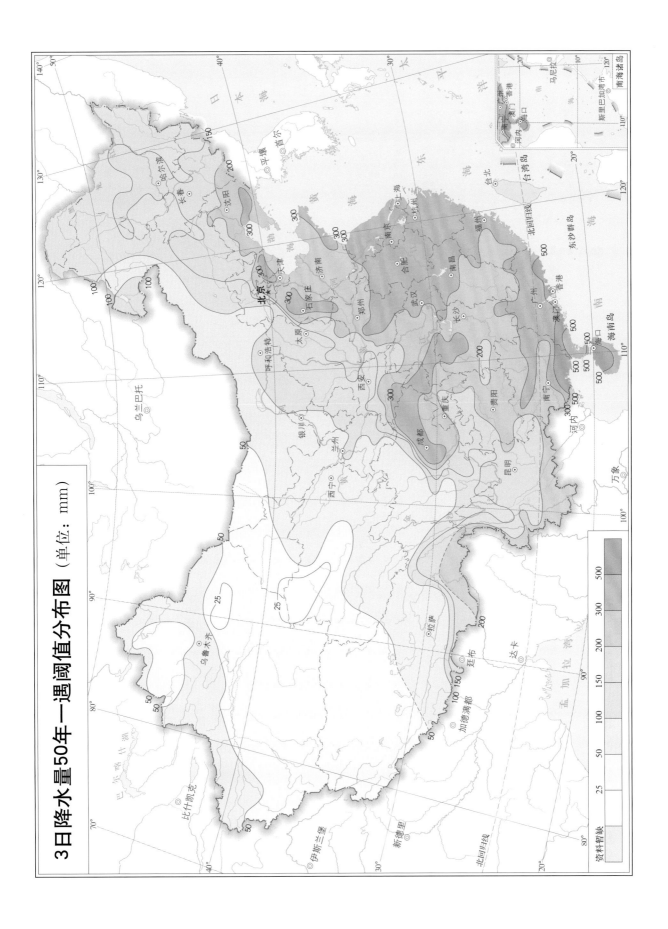

3日降水量50年一遇阈值分布图（单位：mm）

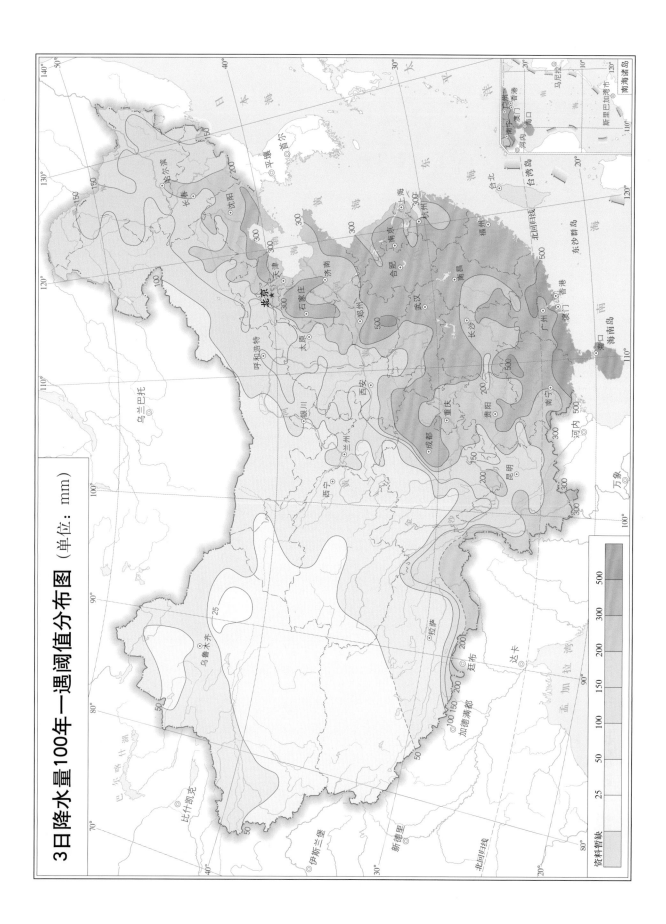

3日降水量100年一遇阈值分布图（单位：mm）

资料暂缺 25 50 100 150 200 300 500

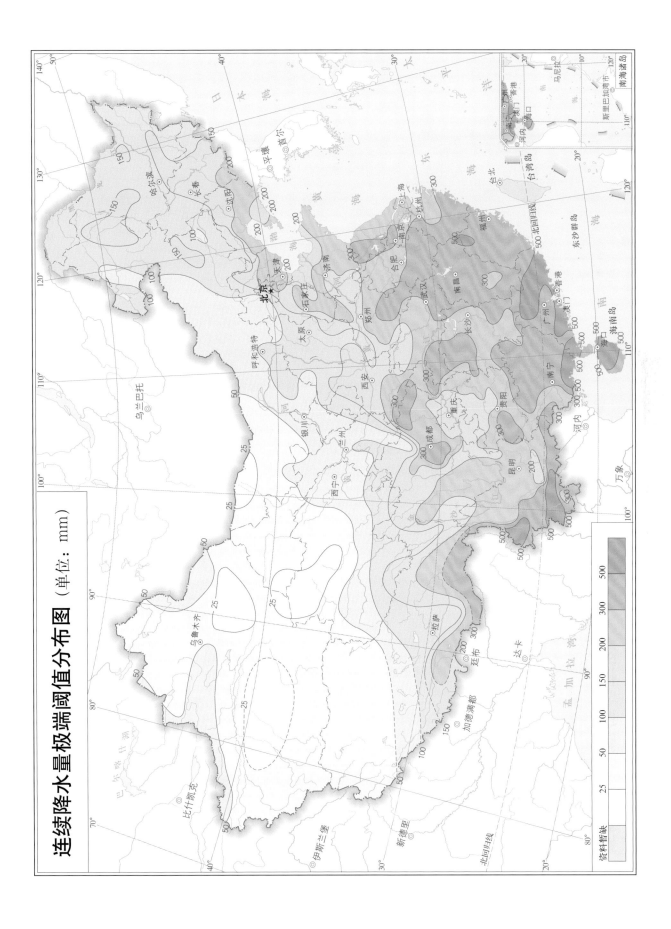

连续降水量极端阈值分布图（单位：mm）

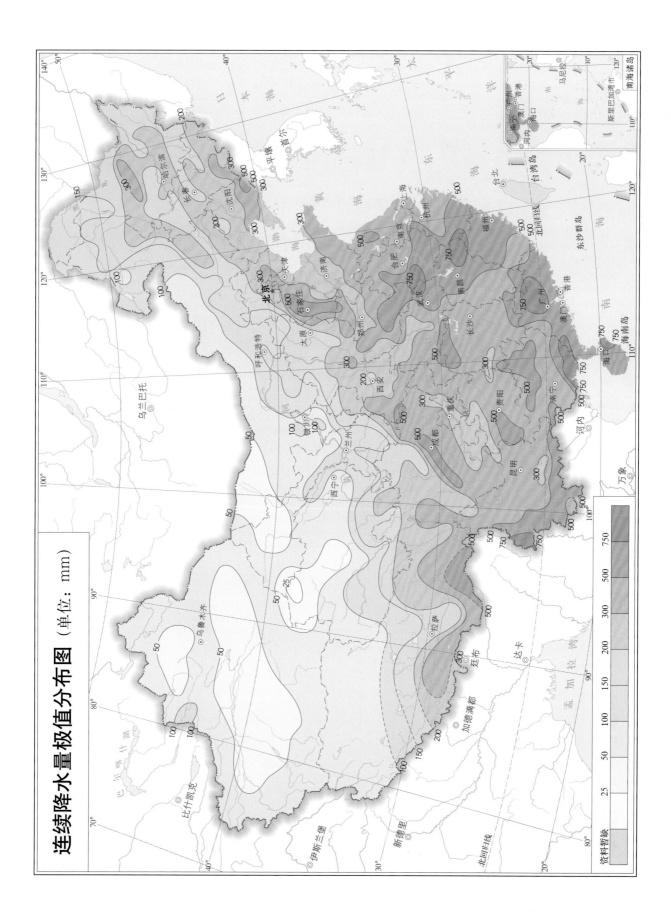

连续降水量极值分布图（单位：mm）

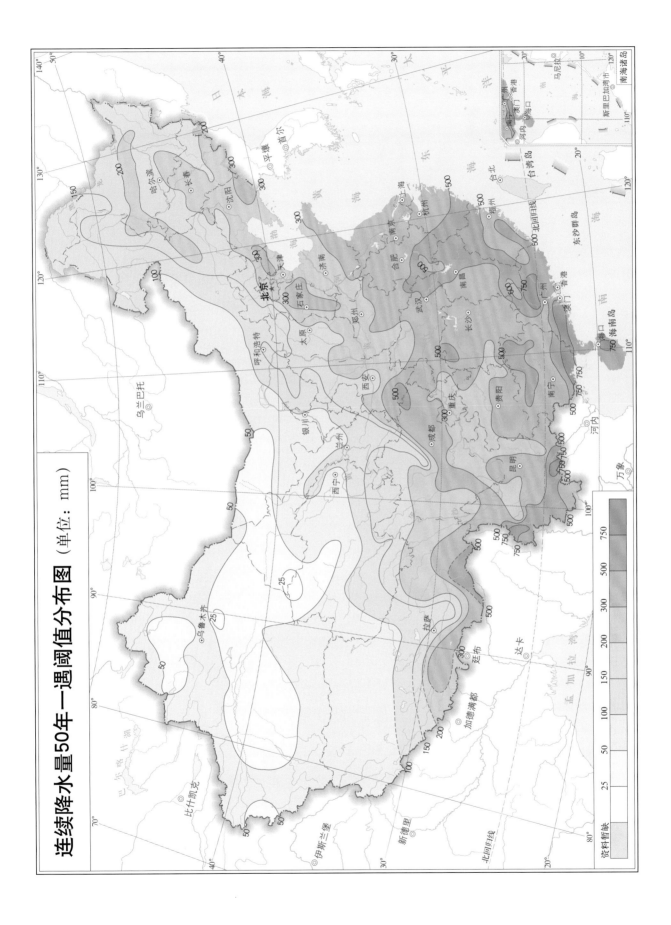

连续降水量50年一遇阈值分布图（单位：mm）

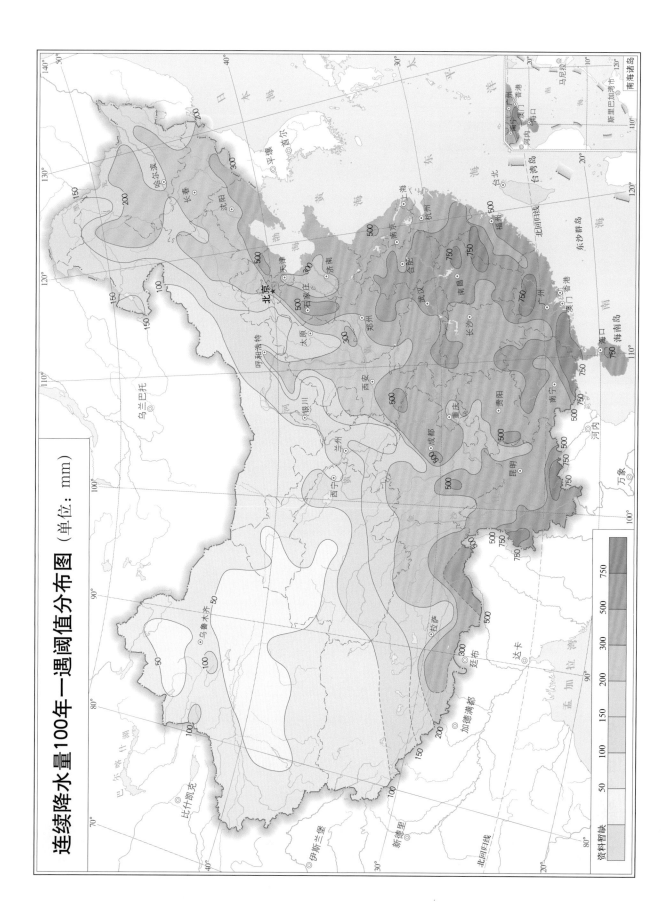

连续降水量100年一遇阈值分布图（单位：mm）

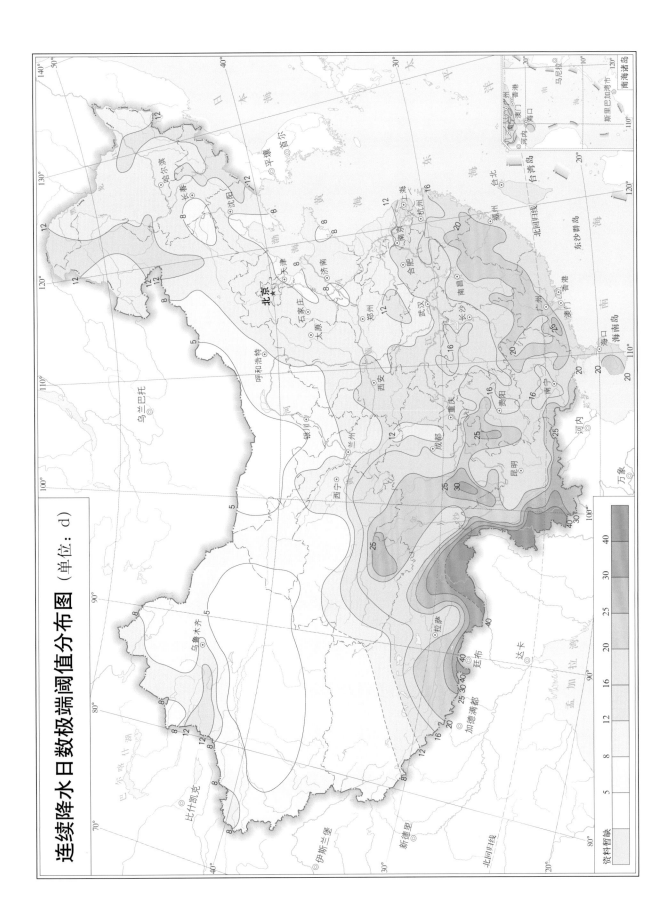

连续降水日数极端阈值分布图（单位：d）

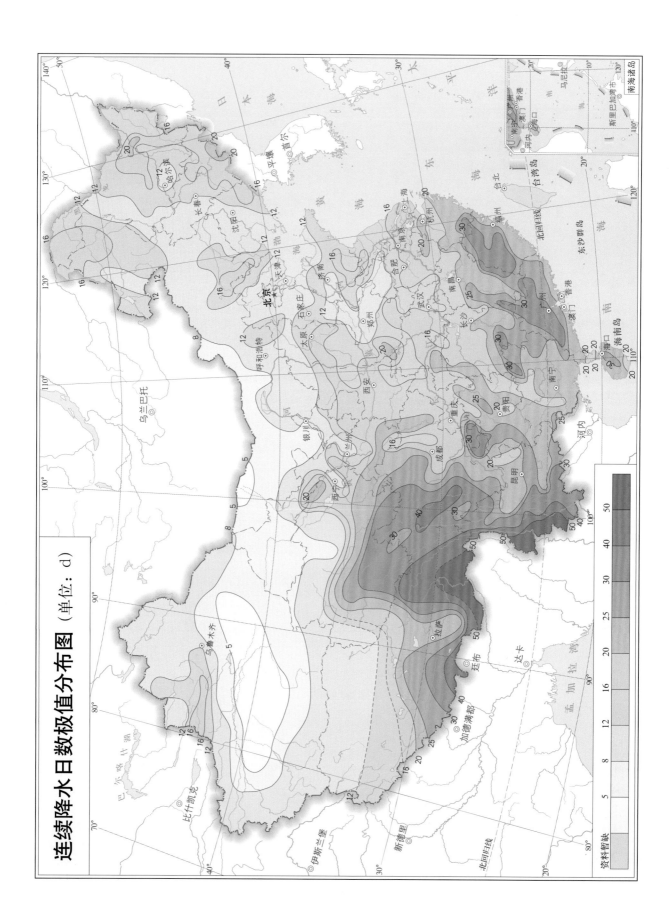

连续降水日数极值分布图（单位：d）

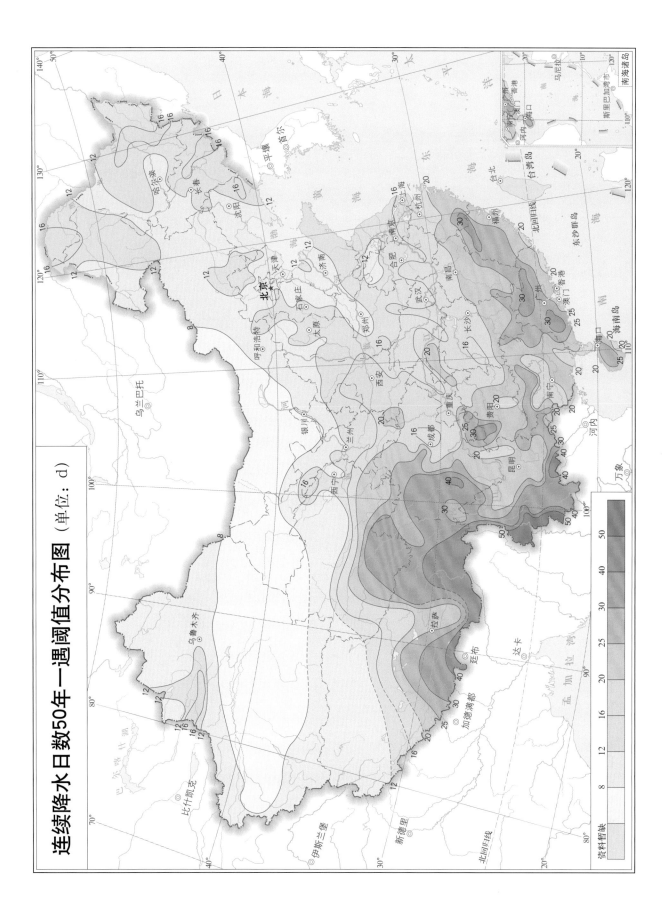

连续降水日数50年一遇阈值分布图（单位：d）

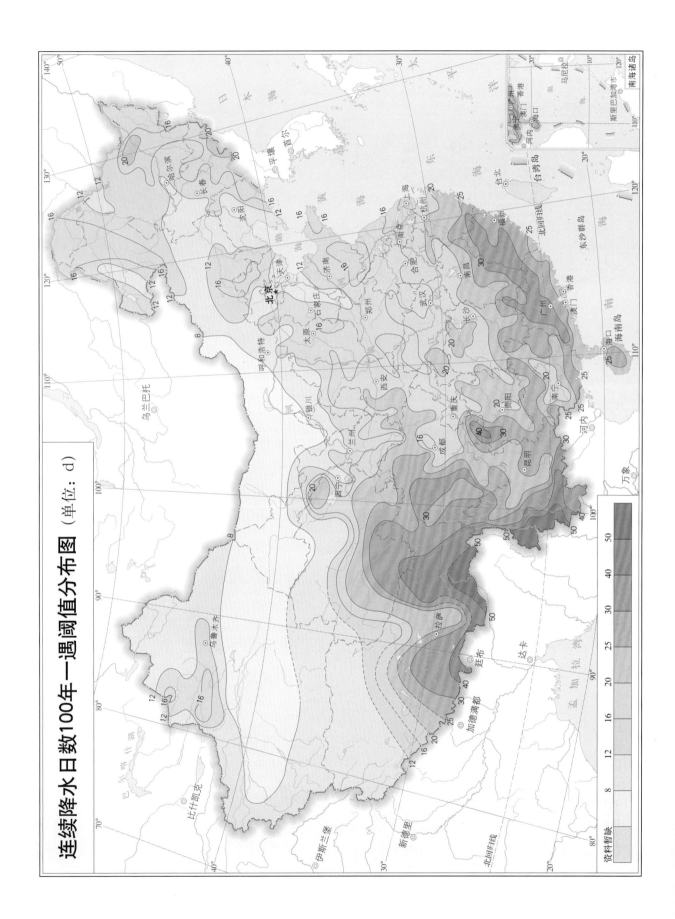

连续降水日数100年一遇阈值分布图（单位：d）

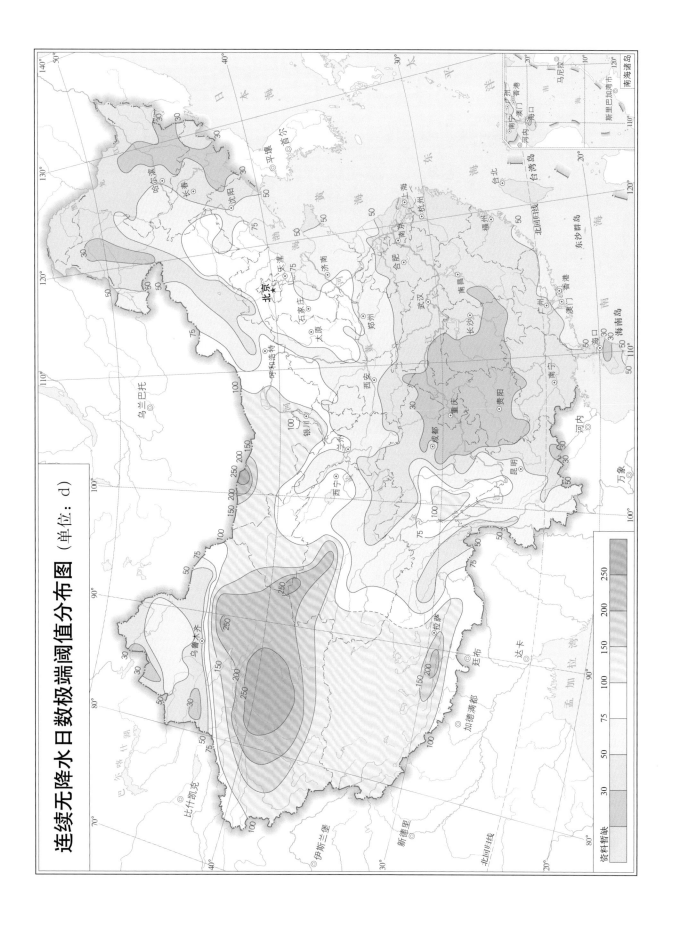

连续无降水日数极端阈值分布图（单位：d）

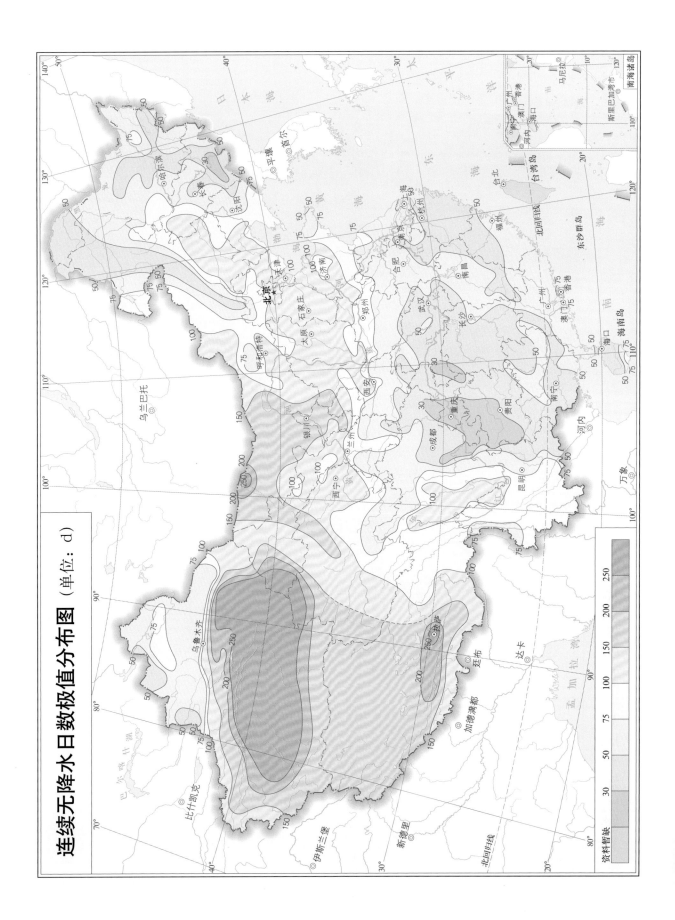

连续无降水日数极值分布图（单位：d）

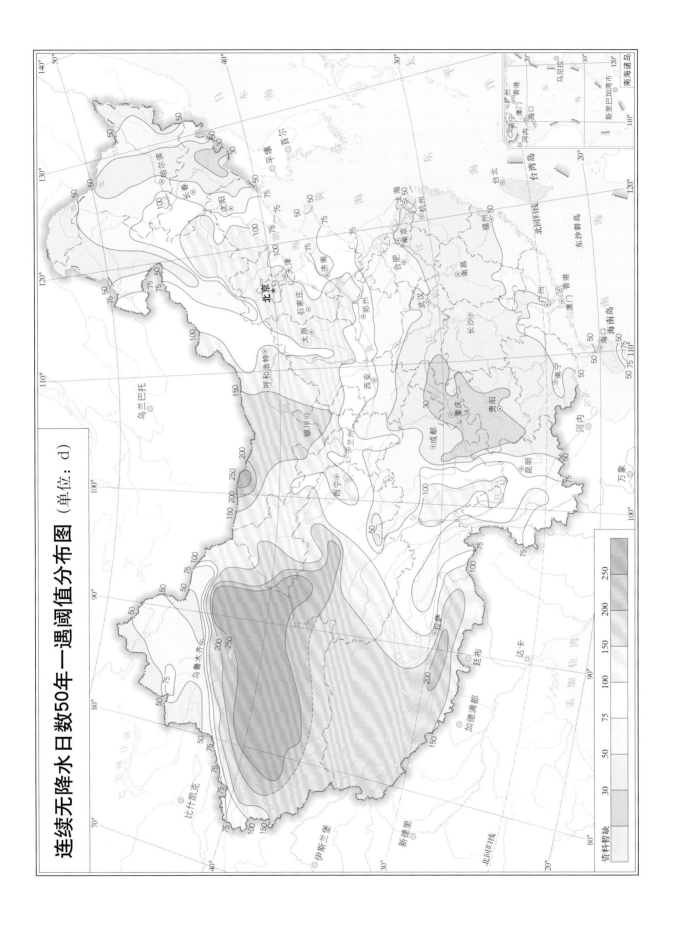

连续无降水日数50年一遇阈值分布图（单位：d）

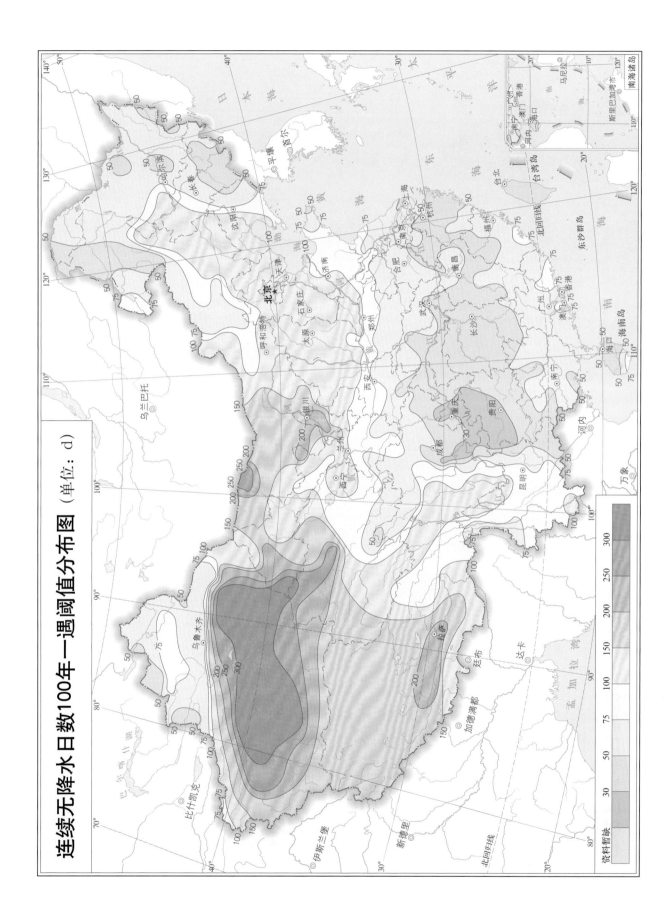

连续无降水日数100年一遇阈值分布图（单位：d）

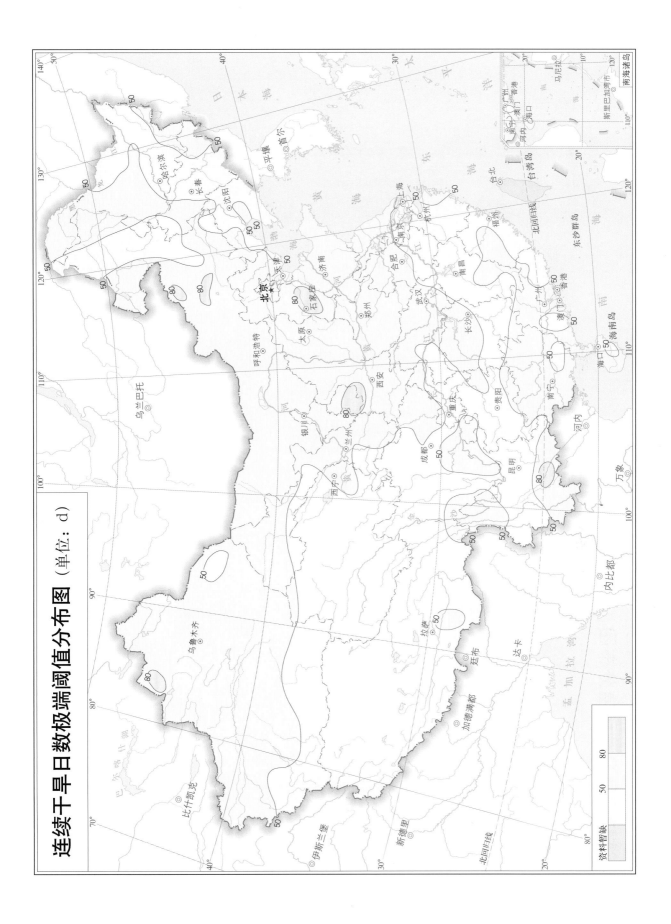

连续干旱日数极端阈值分布图（单位：d）

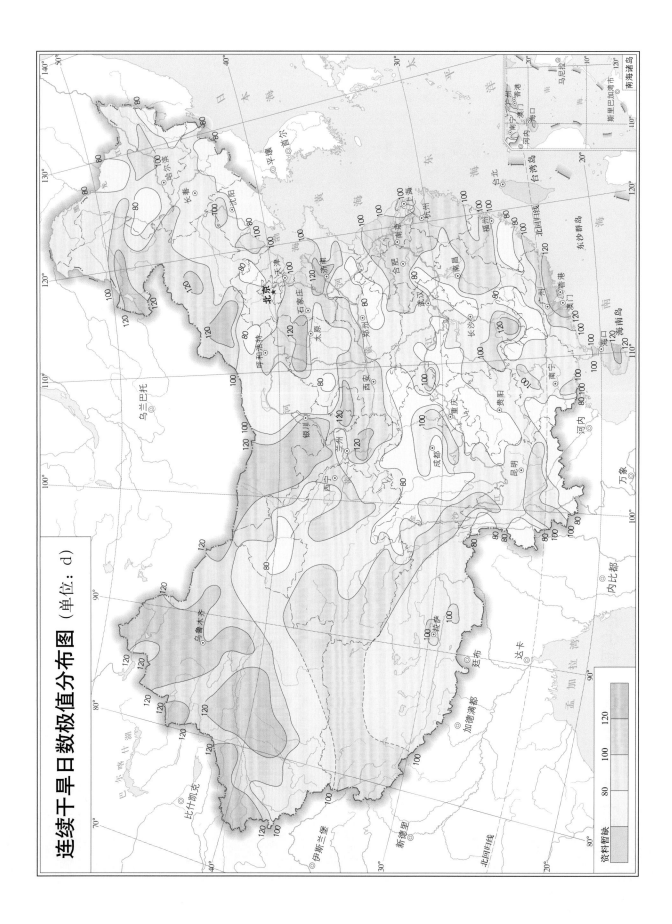

连续干旱日数极值分布图（单位：d）

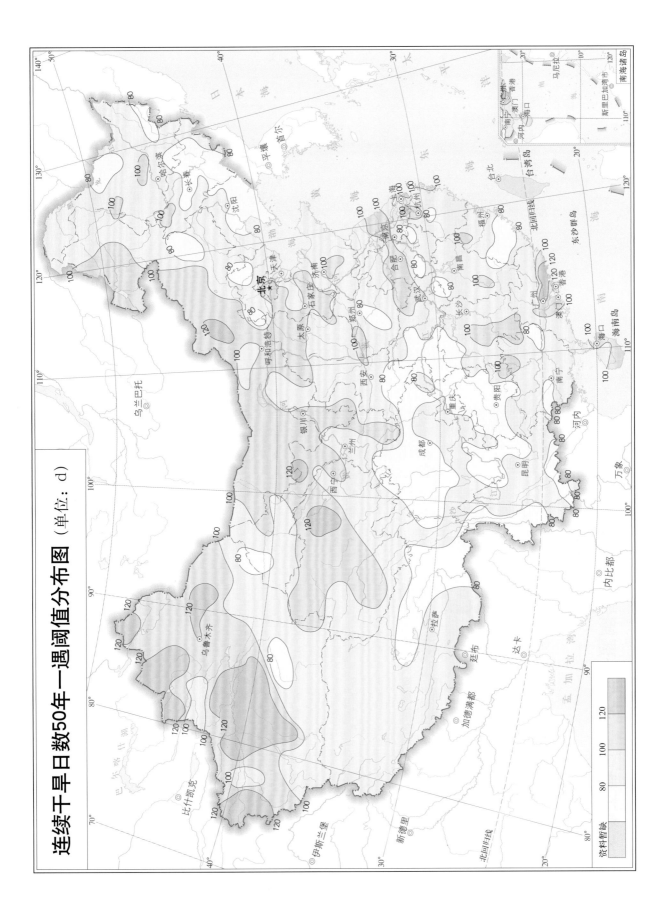

连续干旱日数50年一遇阈值分布图（单位：d）

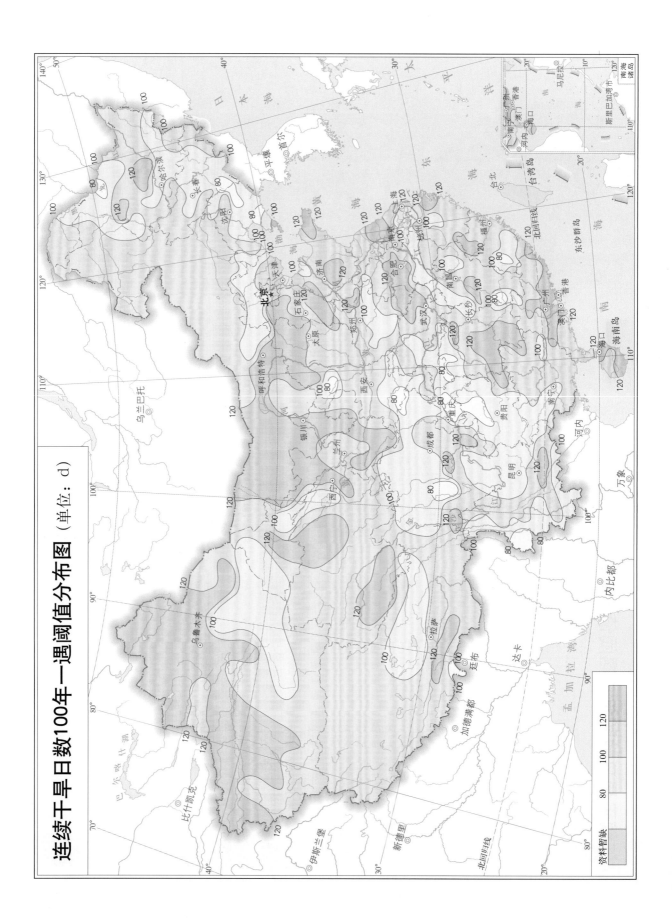

连续干旱日数100年一遇阈值分布图（单位：d）

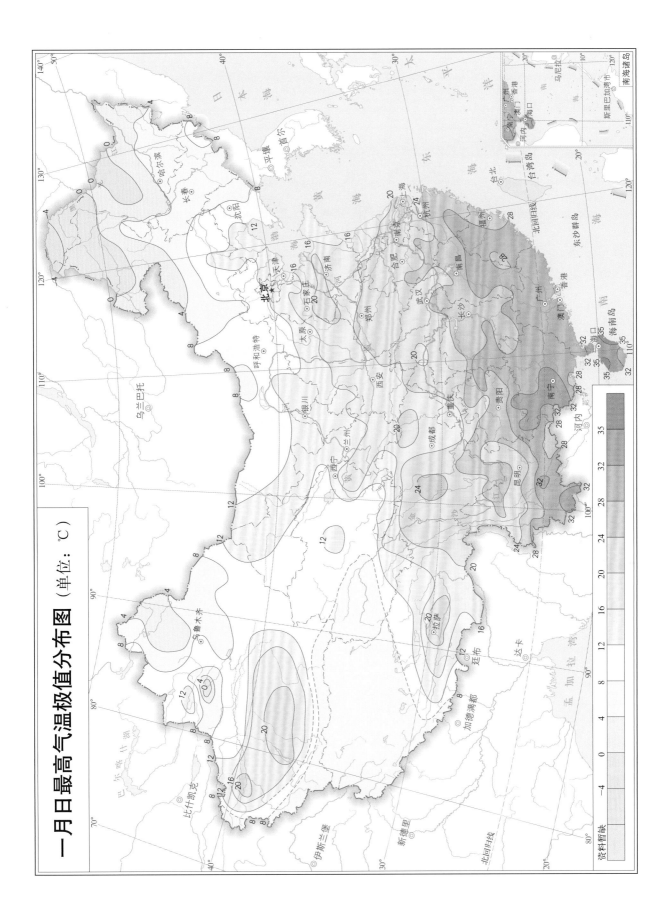

一月日最高气温极值分布图（单位：℃）

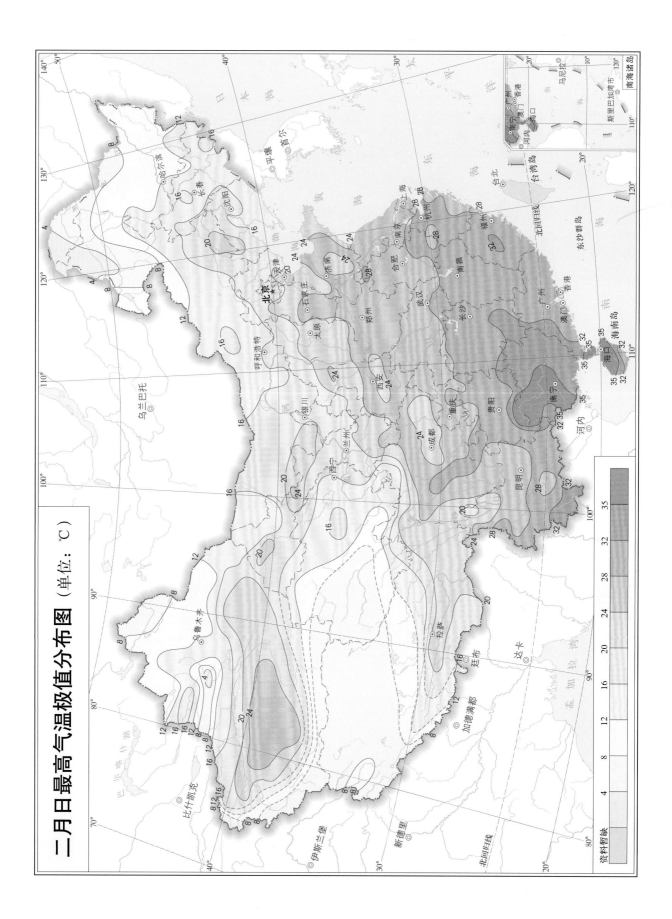

二月日最高气温极值分布图（单位：℃）

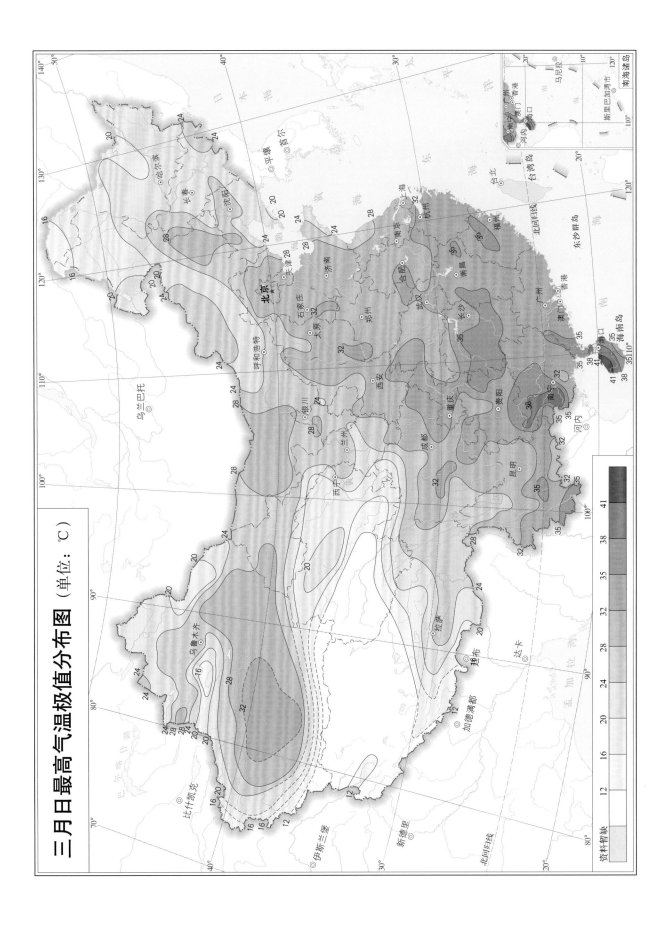

三月日最高气温极值分布图（单位：℃）

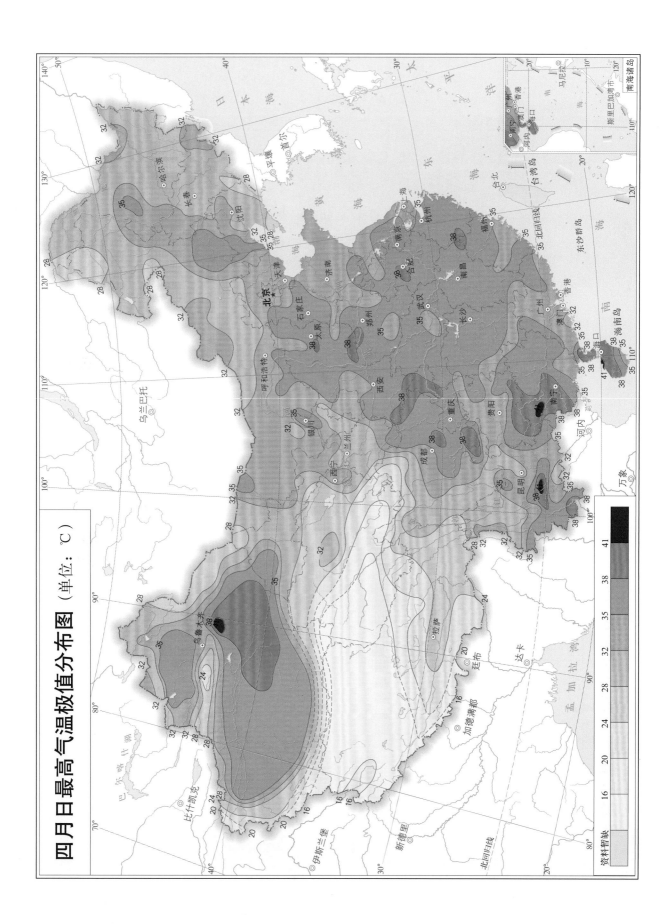

四月日最高气温极值分布图（单位：℃）

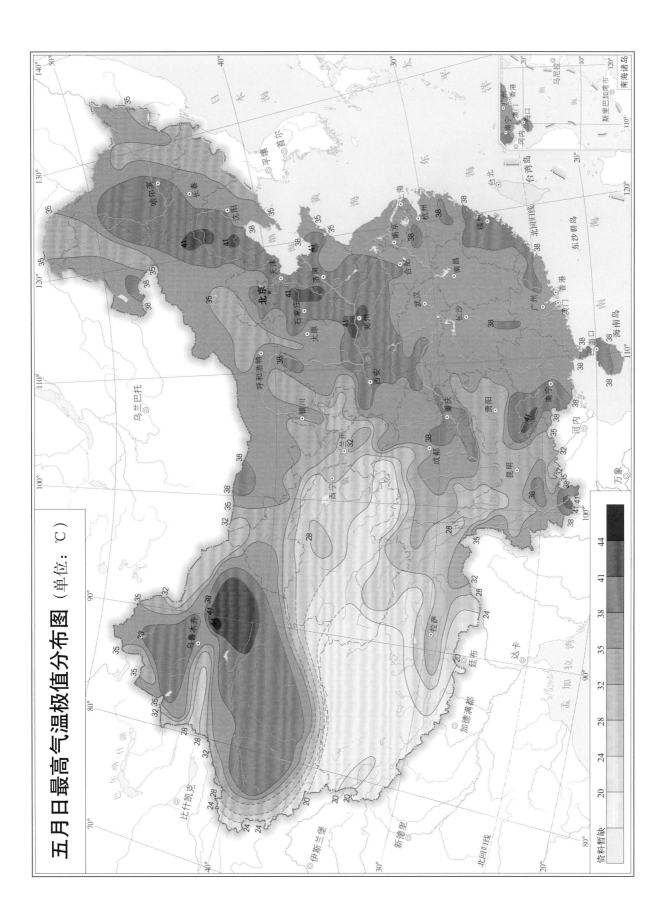

五月日最高气温极值分布图（单位：℃）

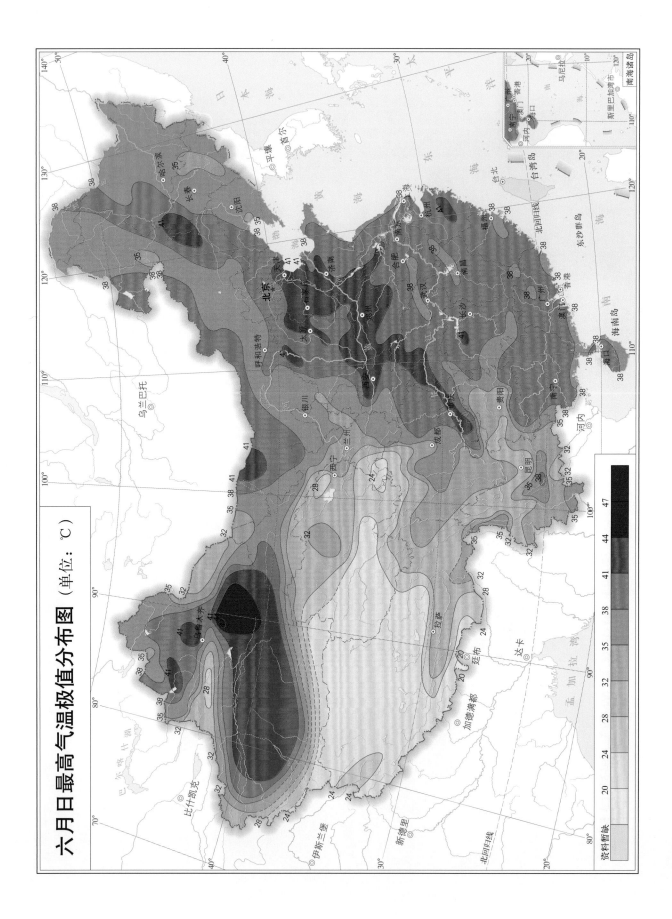

六月日最高气温极值分布图（单位：℃）

资料暂缺 20 24 28 32 35 38 41 44 47

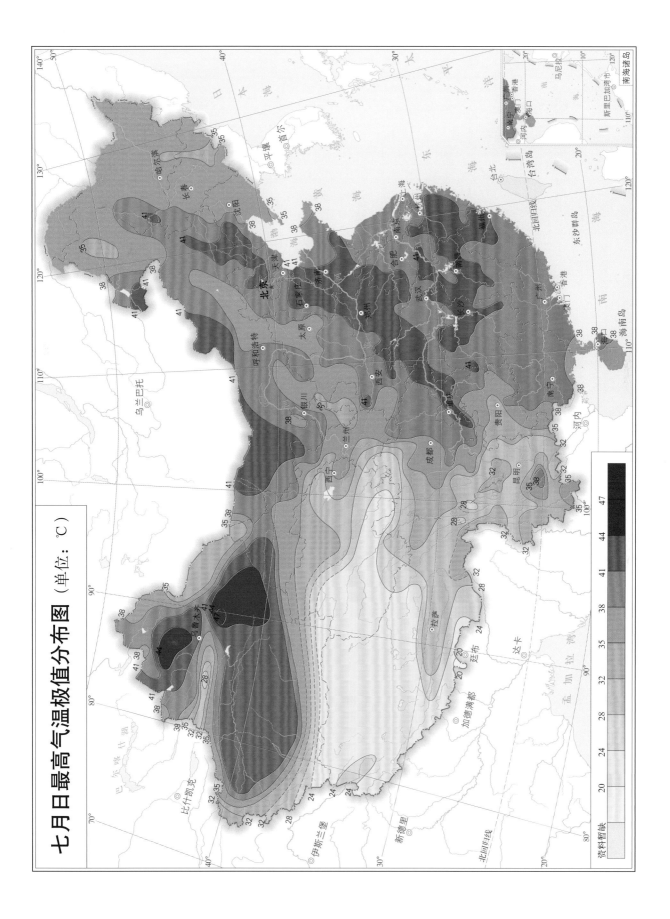

七月日最高气温极值分布图（单位：℃）

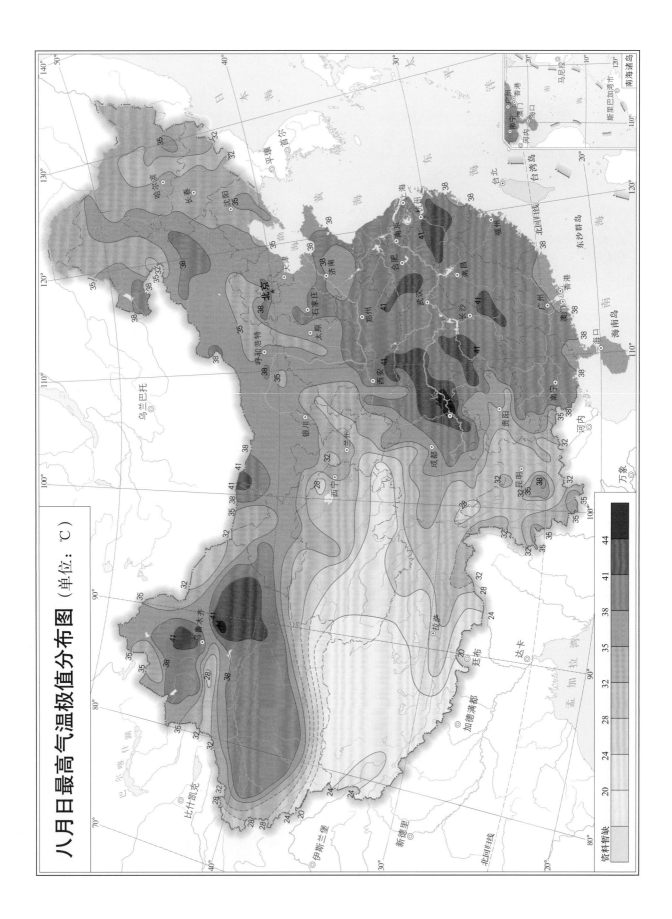

八月日最高气温极值分布图（单位：℃）

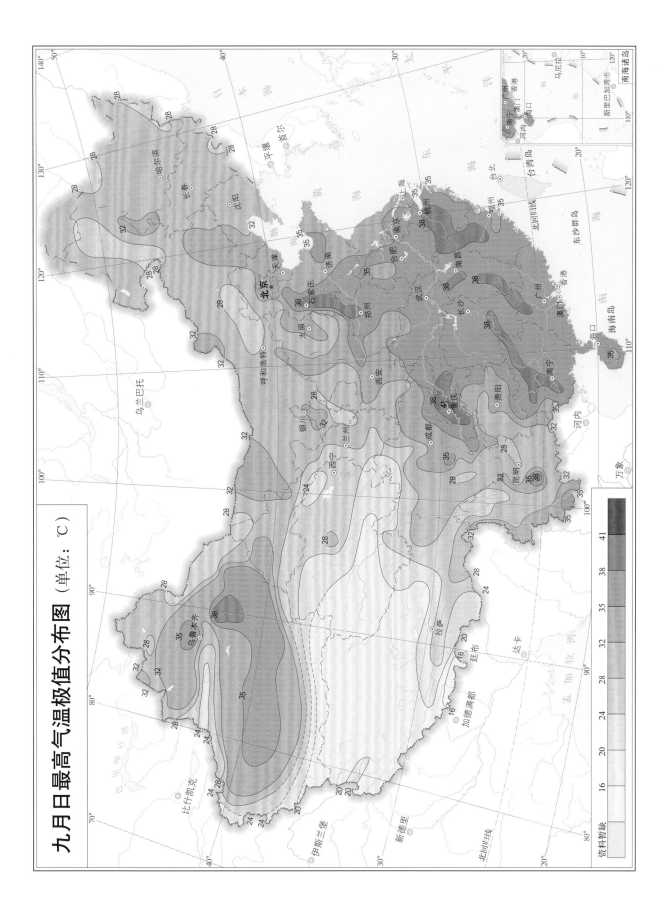

九月日最高气温极值分布图（单位：℃）

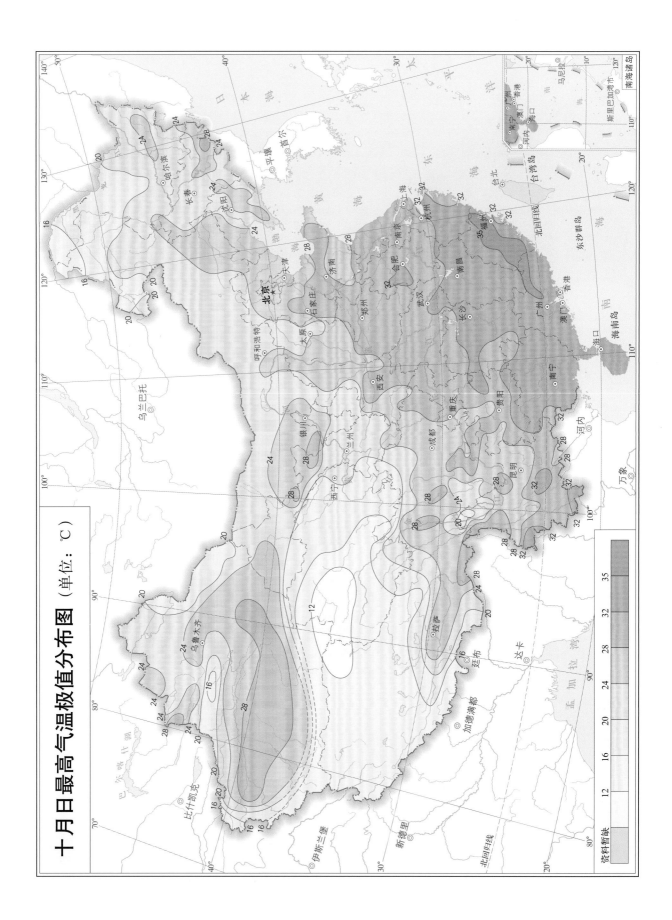

十月日最高气温极值分布图（单位：℃）

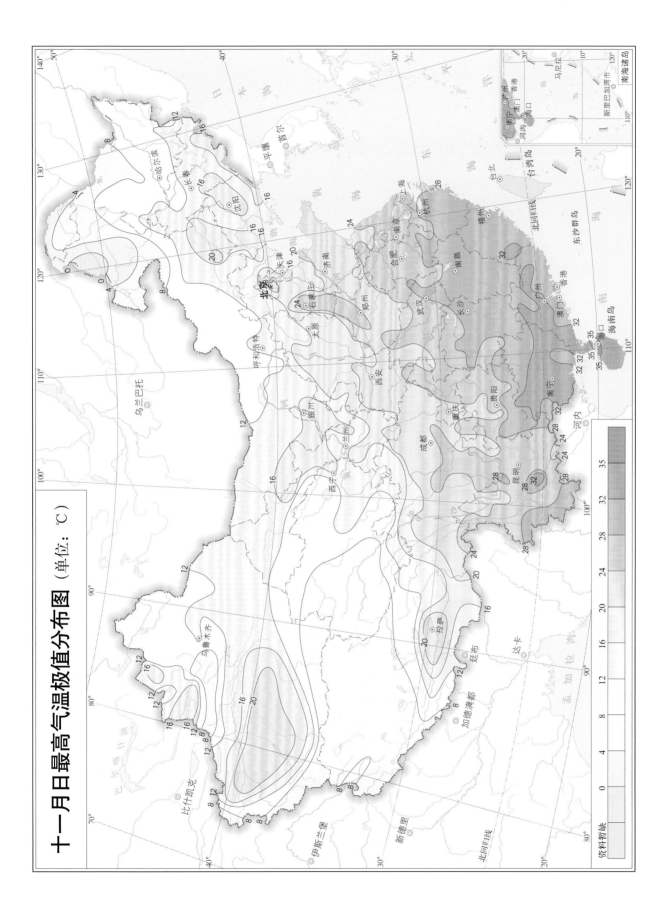

十一月日最高气温极值分布图（单位：℃）

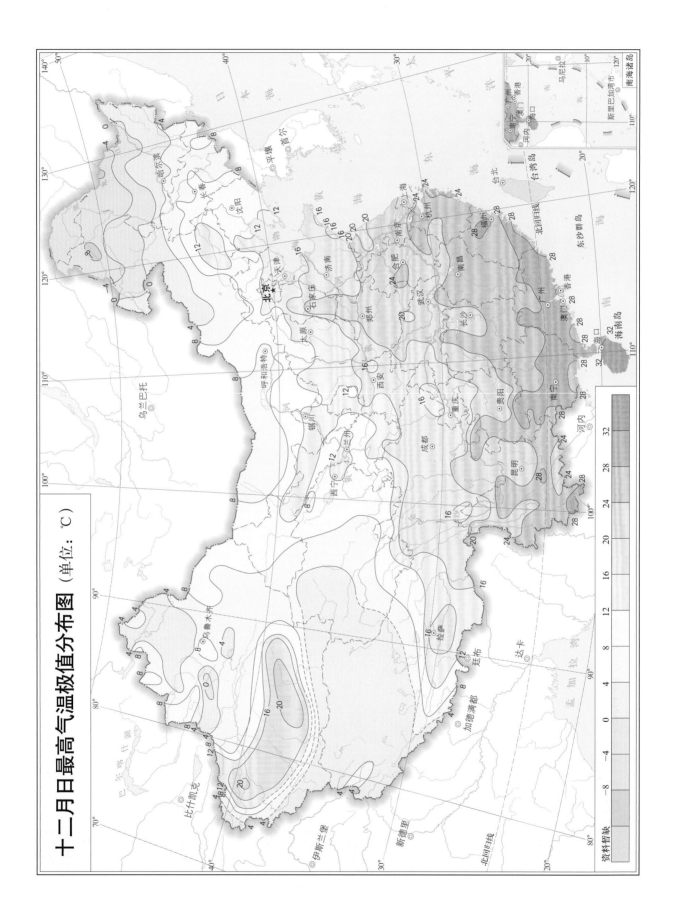

十二月日最高气温极值分布图（单位：℃）

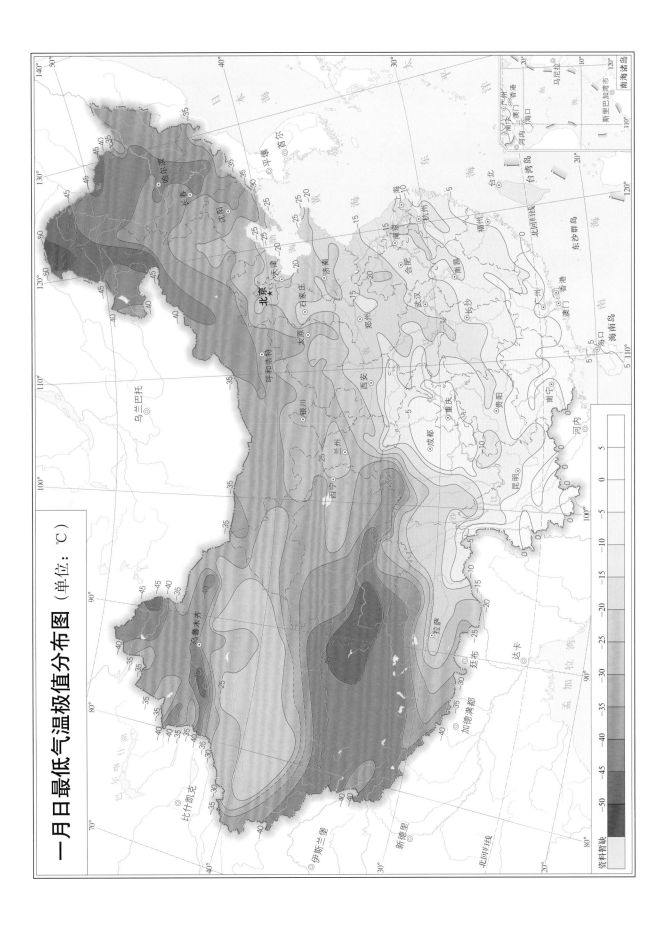

一月日最低气温极值分布图（单位：℃）

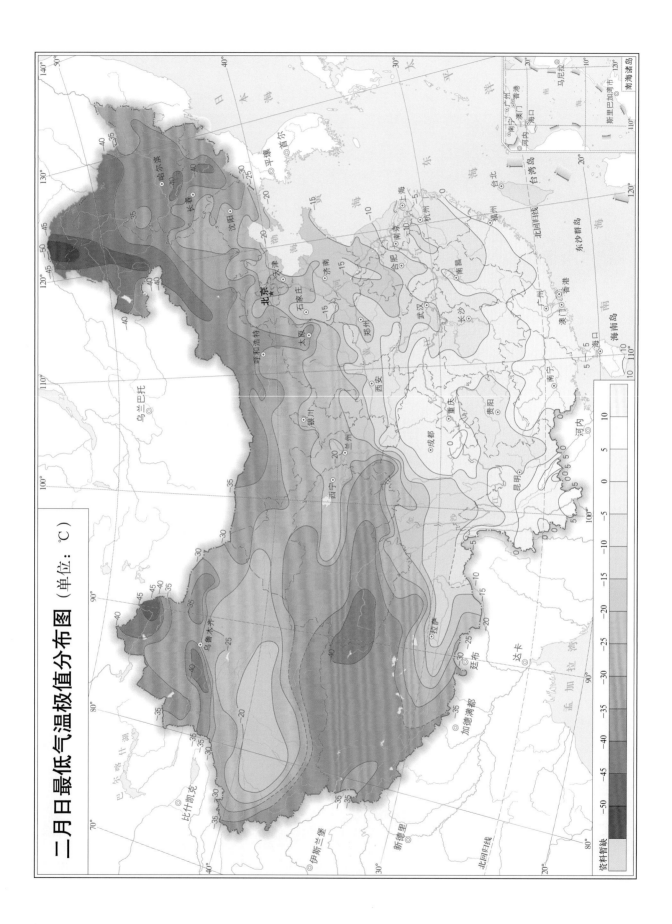

二月日最低气温极值分布图（单位：℃）

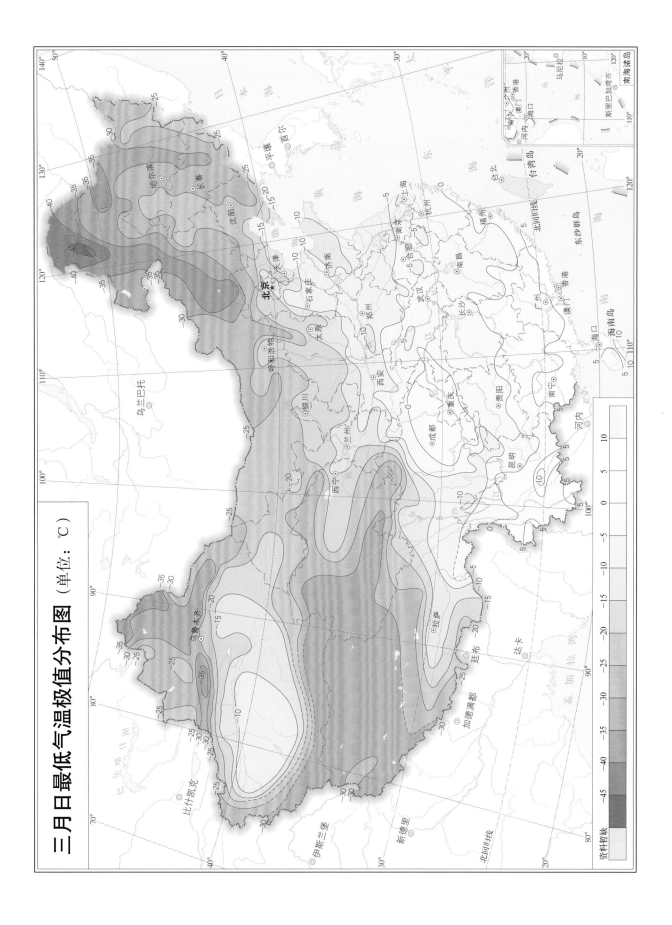

三月日最低气温极值分布图（单位：℃）

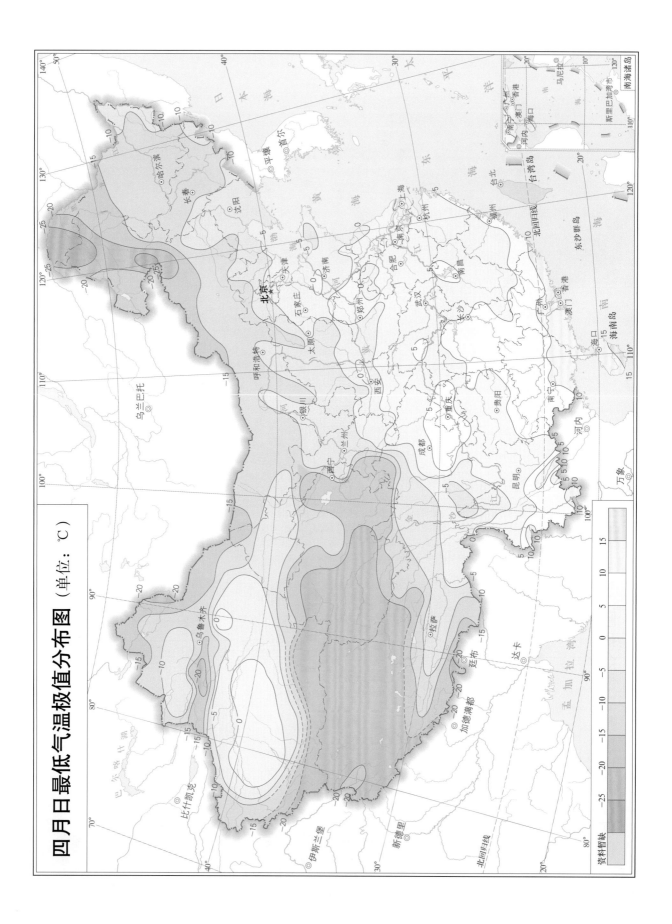

四月日最低气温极值分布图（单位：℃）

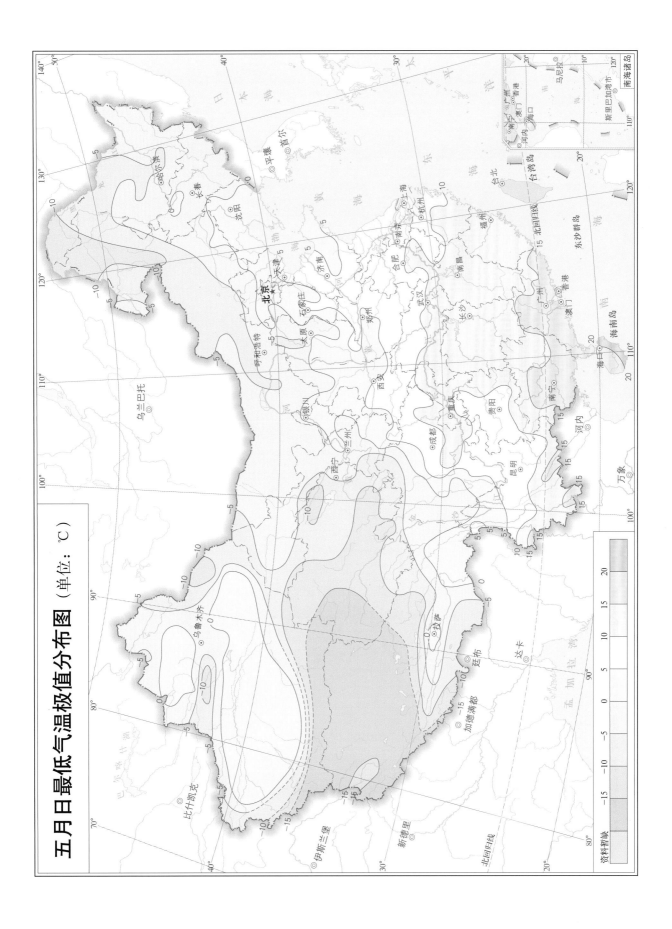

五月日最低气温极值分布图（单位：℃）

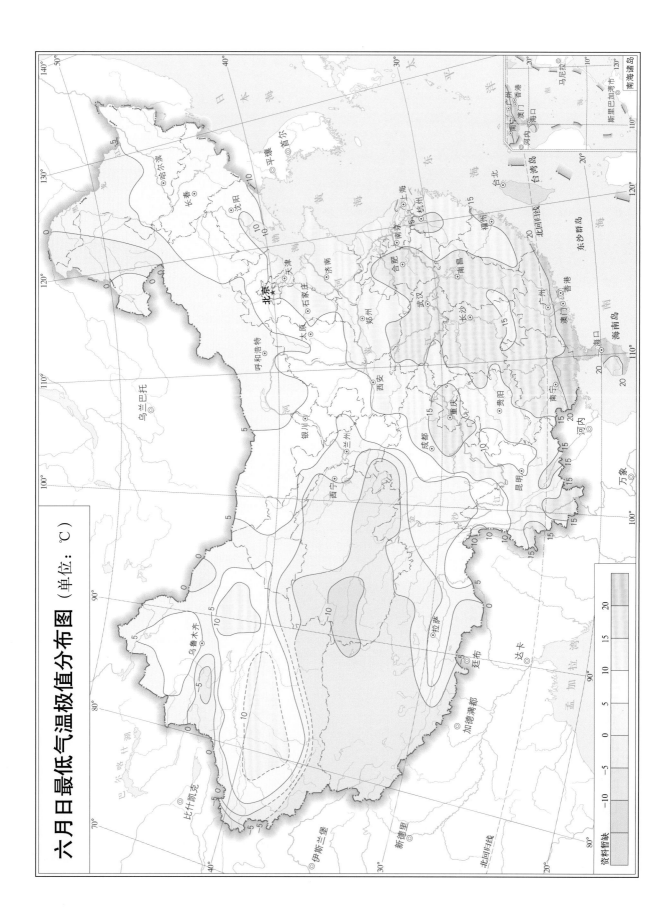

六月日最低气温极值分布图（单位：℃）

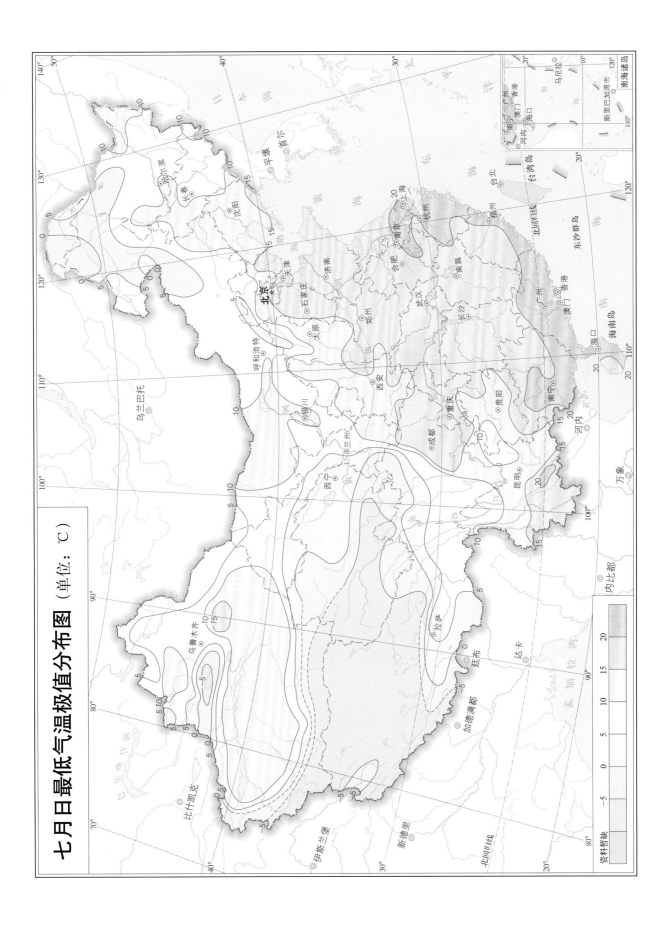

七月日最低气温极值分布图（单位：℃）

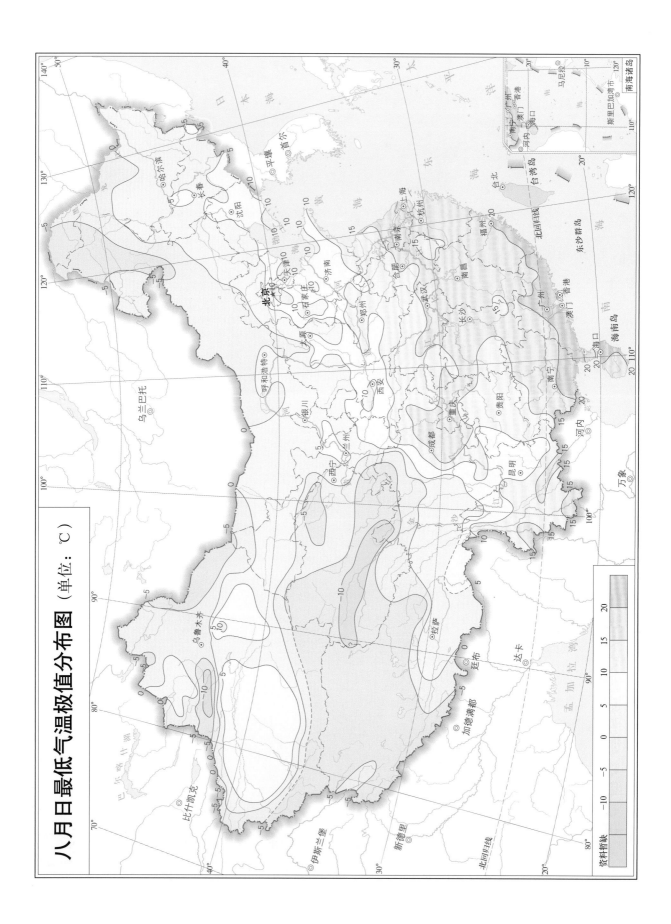

八月日最低气温极值分布图（单位：℃）

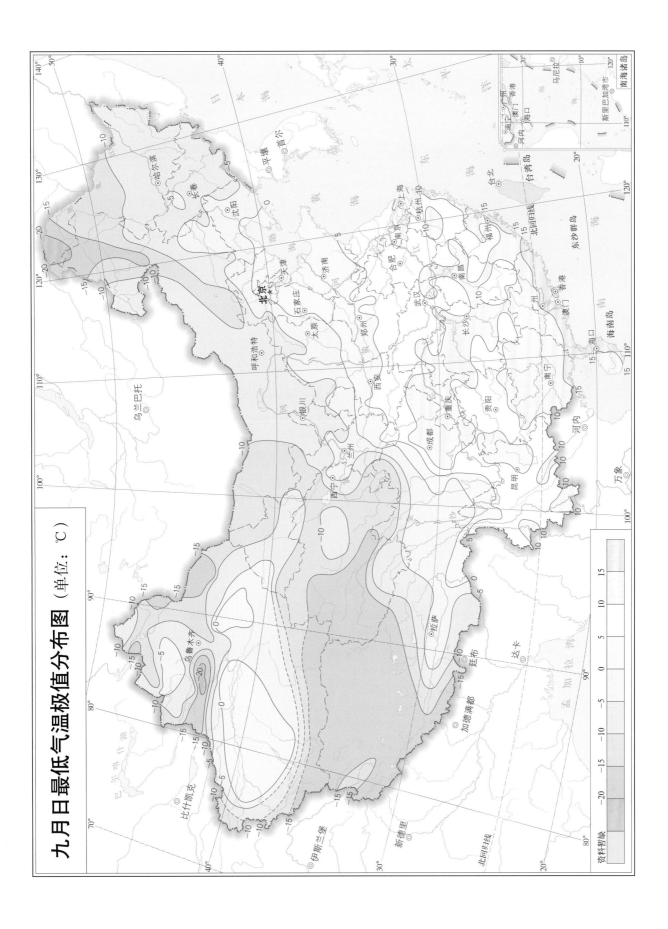

九月日最低气温极值分布图（单位：℃）

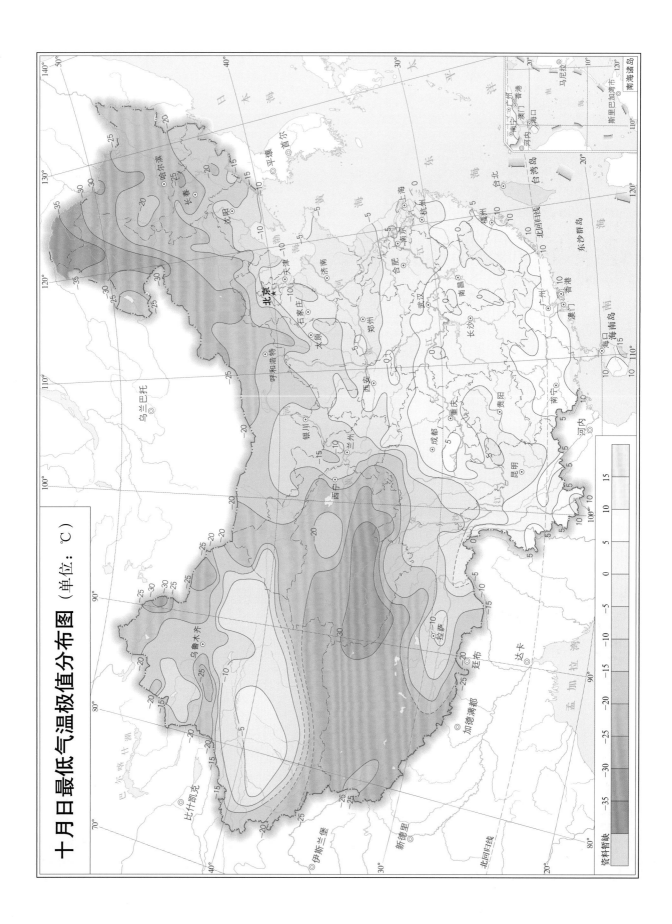

十月日最低气温极值分布图（单位：℃）

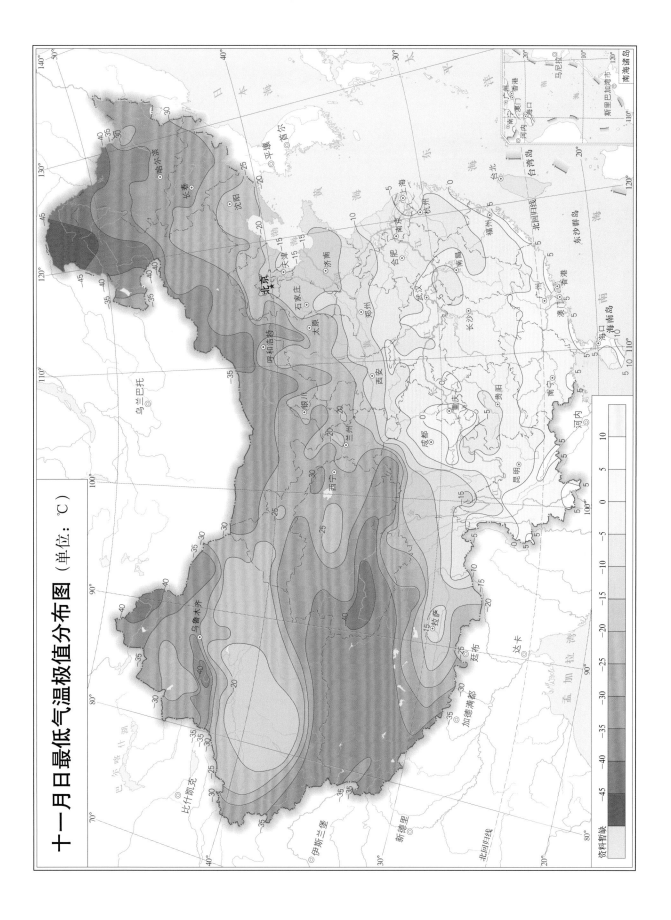

十一月日最低气温极值分布图（单位：℃）

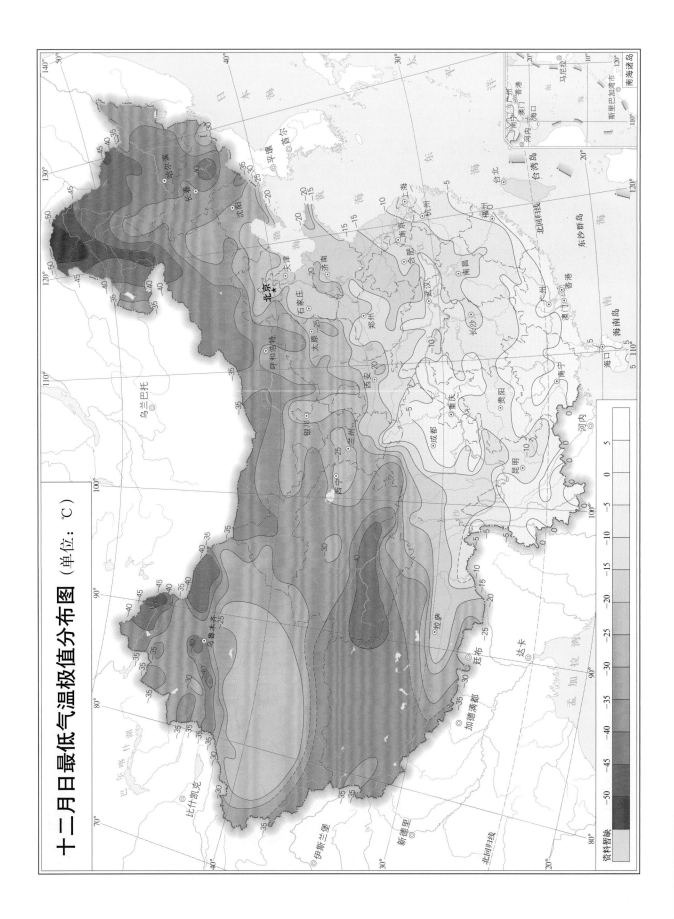

十二月日最低气温极值分布图（单位：℃）

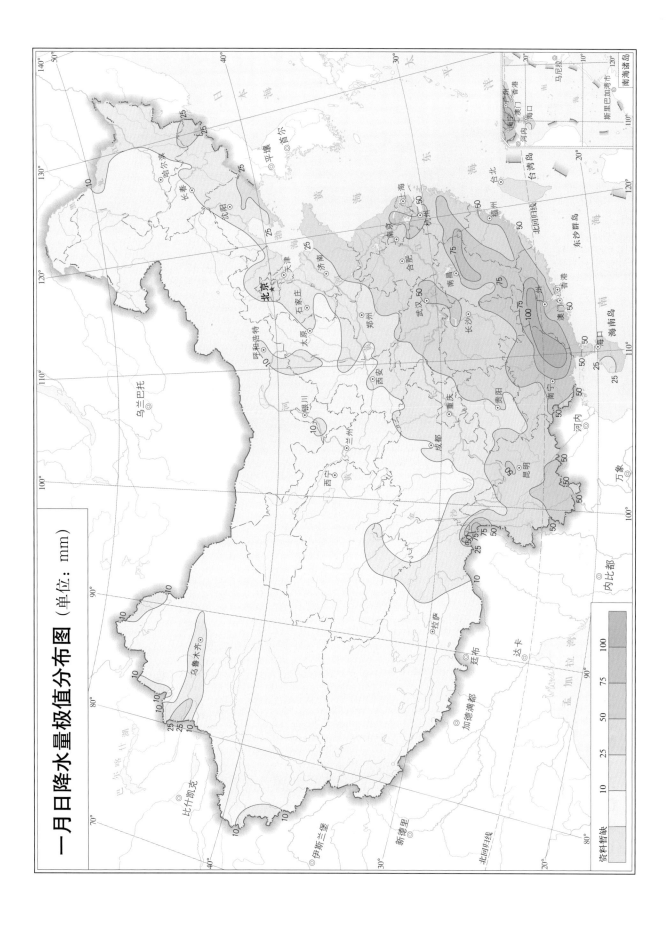

一月日降水量极值分布图（单位：mm）

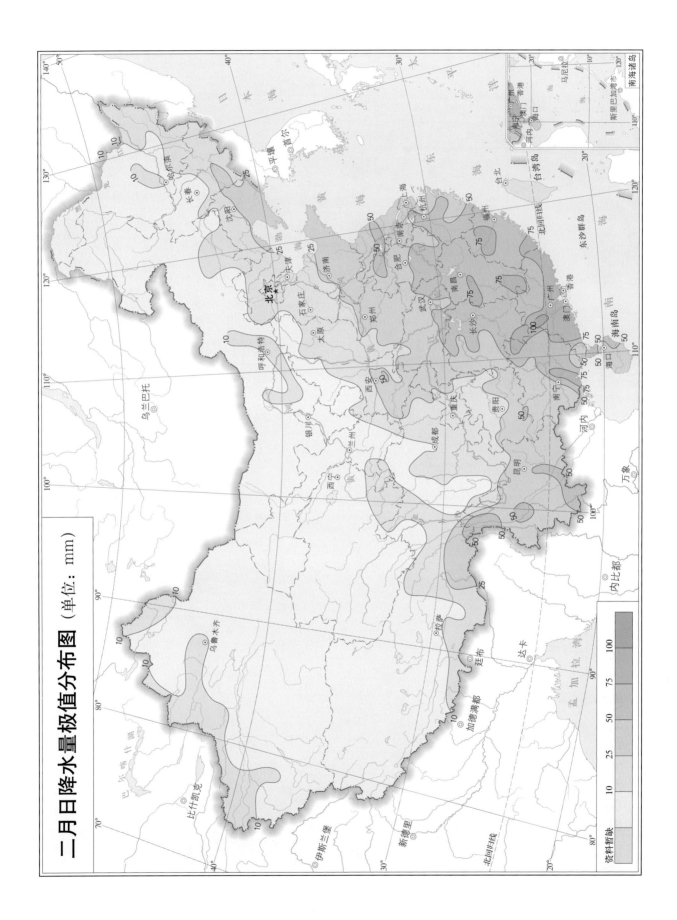

二月日降水量极值分布图（单位：mm）

资料暂缺

10   25   50   75   100

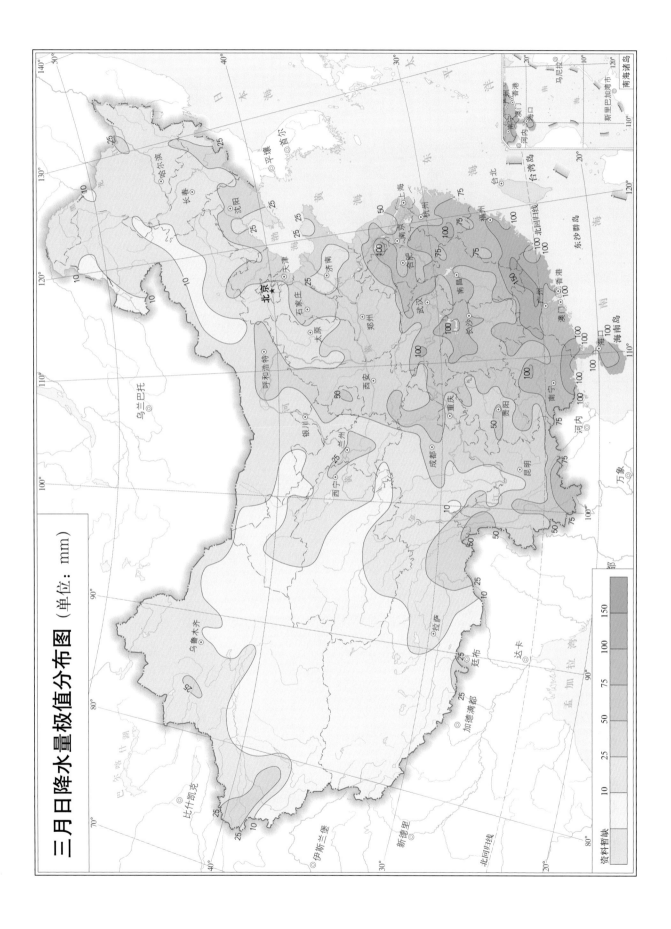

三月日降水量极值分布图（单位：mm）

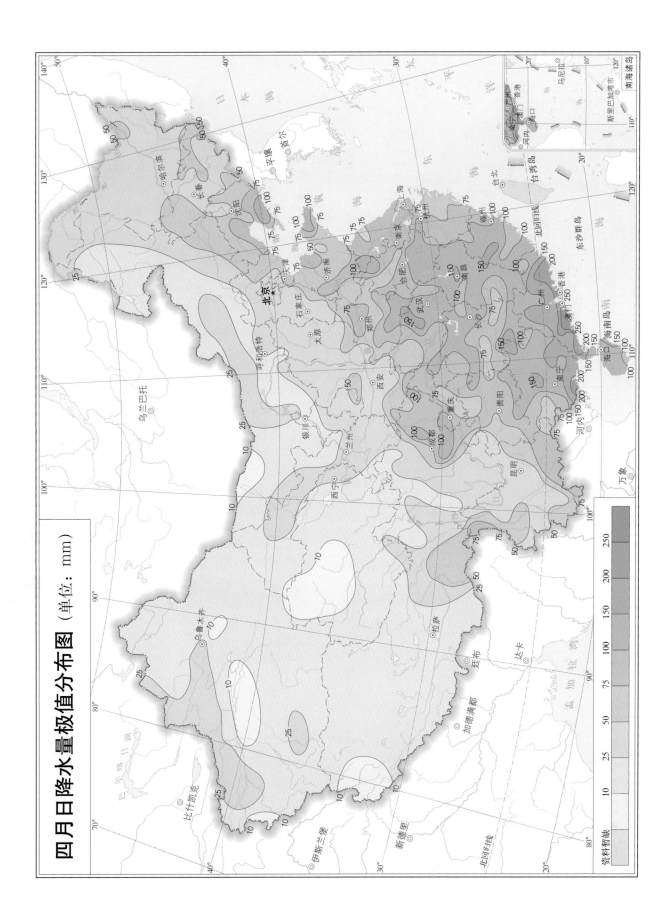

四月日降水量极值分布图（单位：mm）

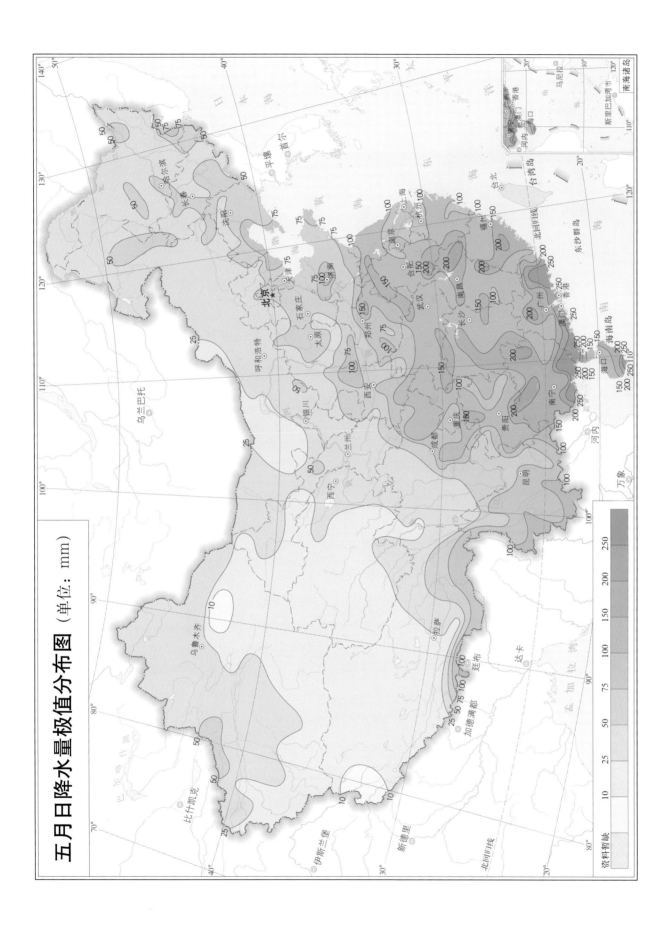

五月日降水量极值分布图（单位：mm）

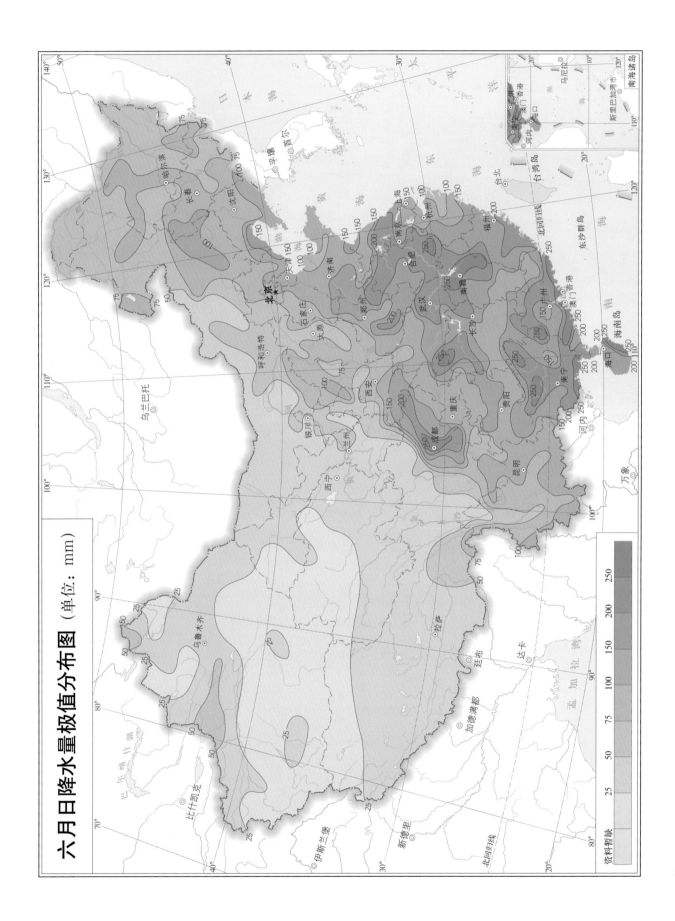

六月日降水量极值分布图（单位：mm）

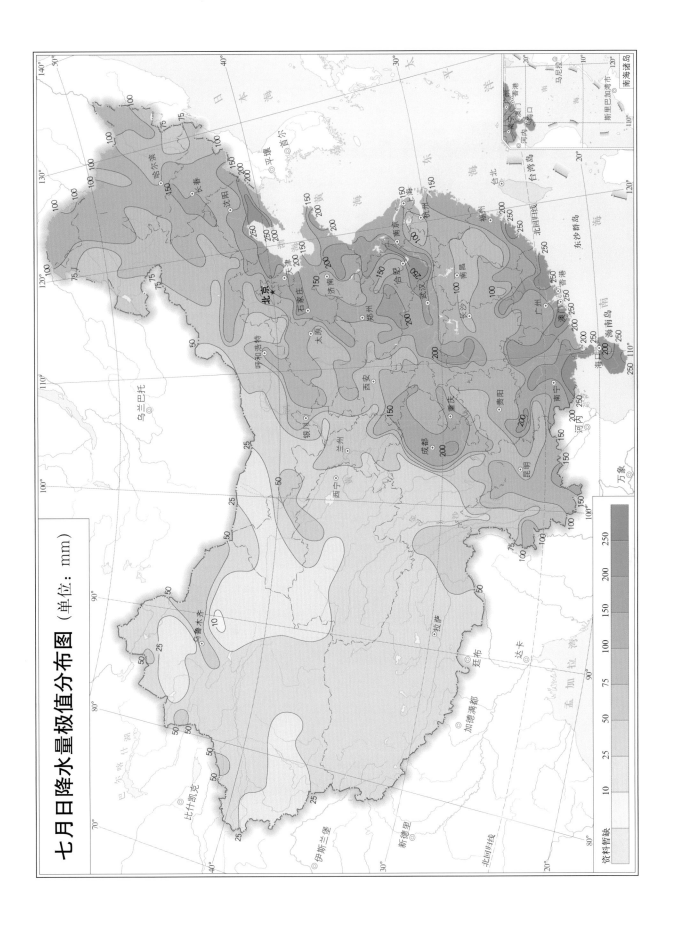

七月日降水量极值分布图（单位：mm）

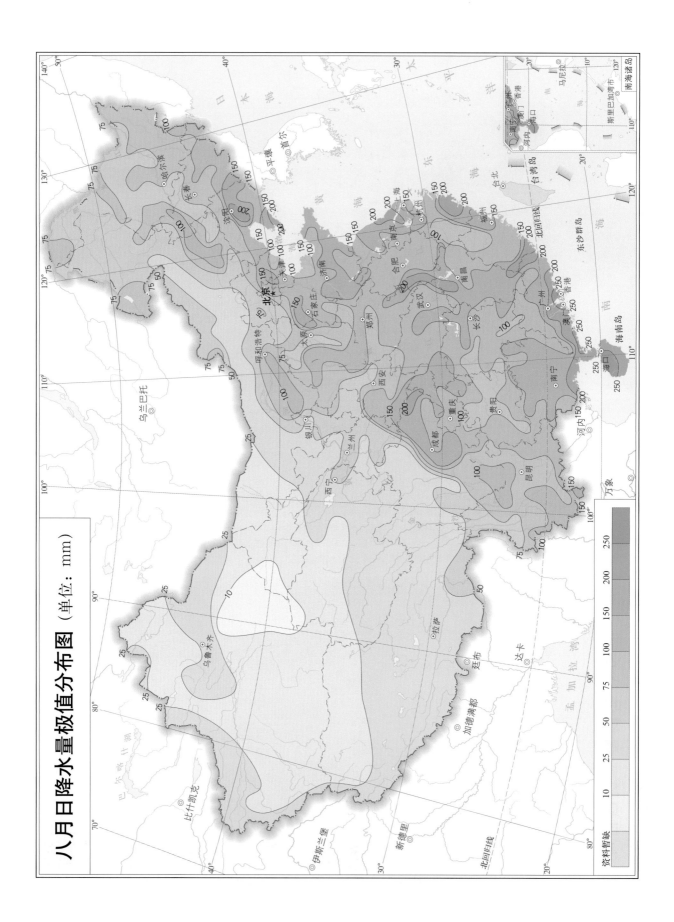

八月日降水量极值分布图（单位：mm）

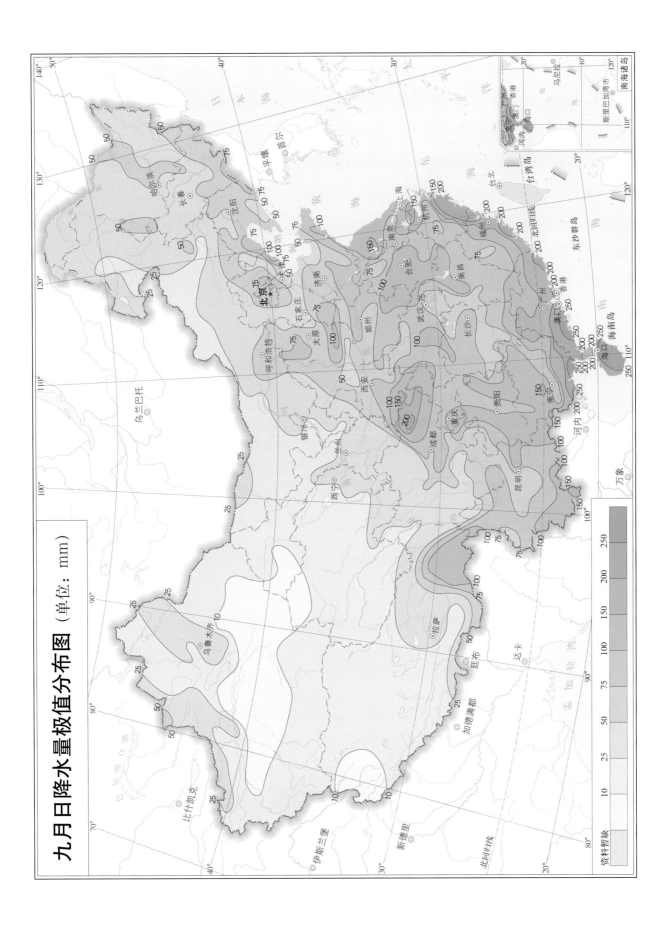

九月日降水量极值分布图（单位：mm）

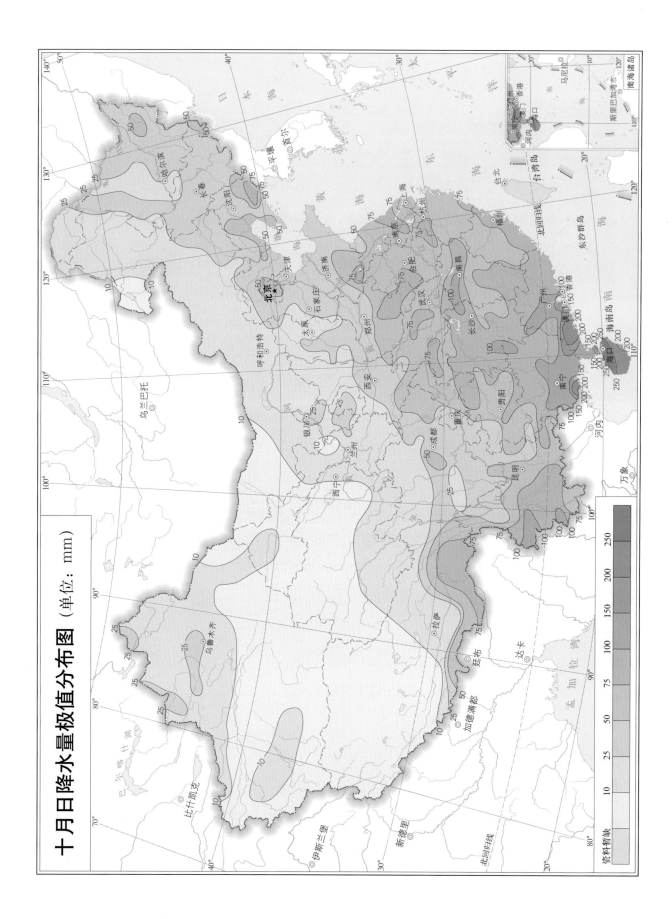

十月日降水量极值分布图（单位：mm）

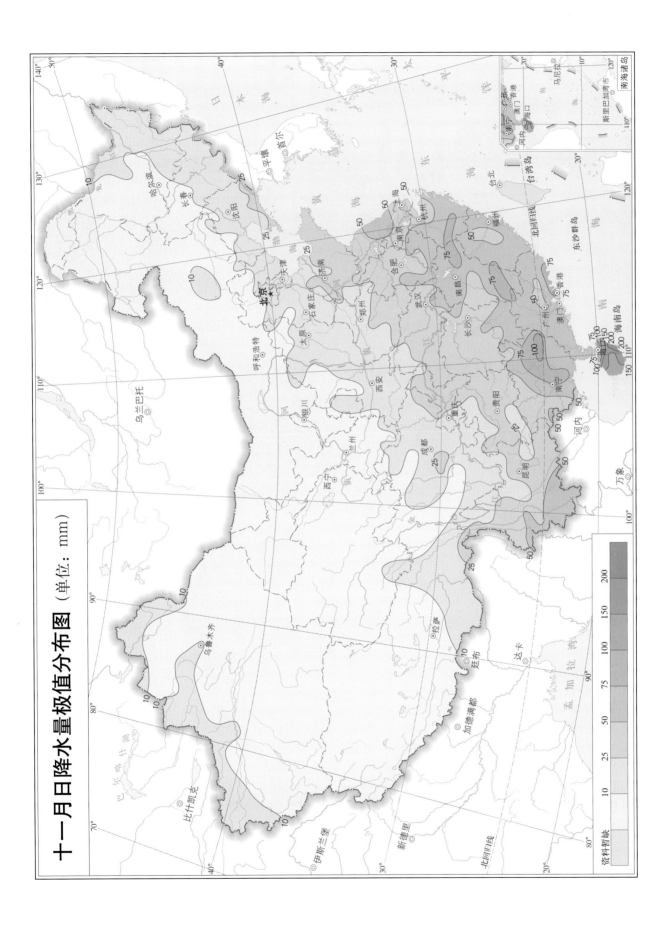

十一月日降水量极值分布图（单位：mm）

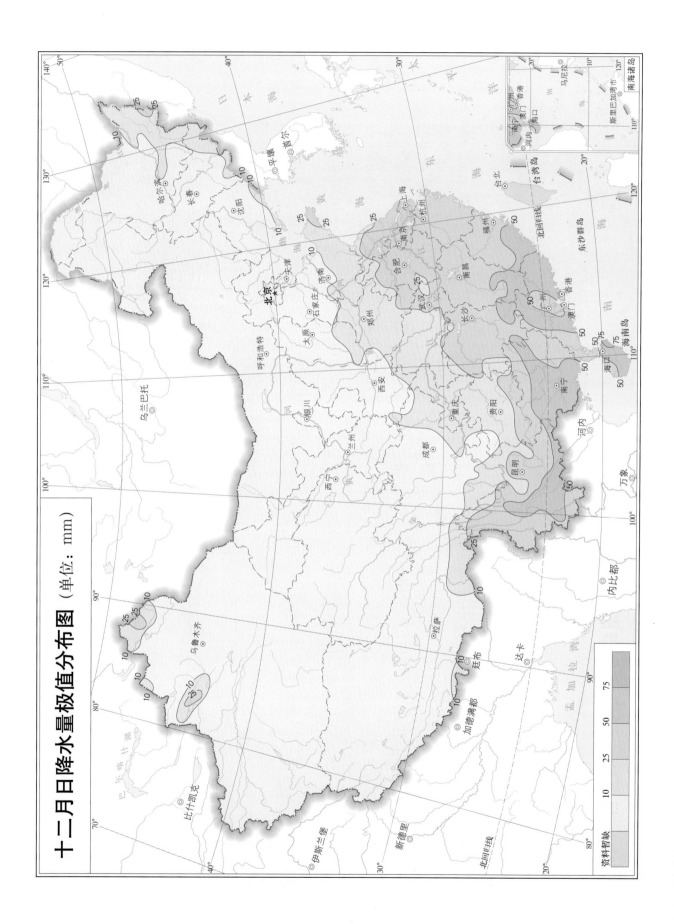

十二月日降水量极值分布图（单位：mm）

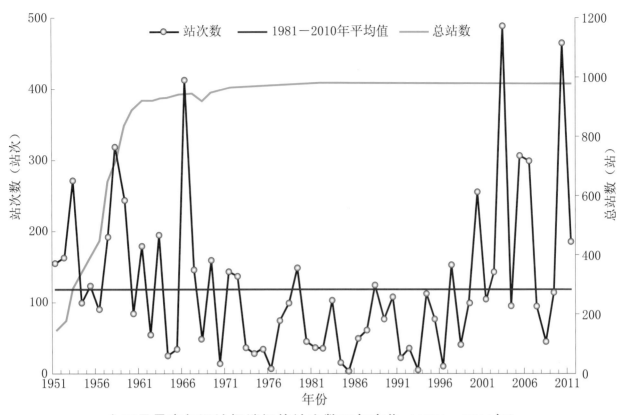

全国日最高气温达极端阈值站次数历年变化（1951－2011年）

（站次数是指每年达到极端天气气候事件标准的累积次数；总站数是指每年无缺测资料的站数）

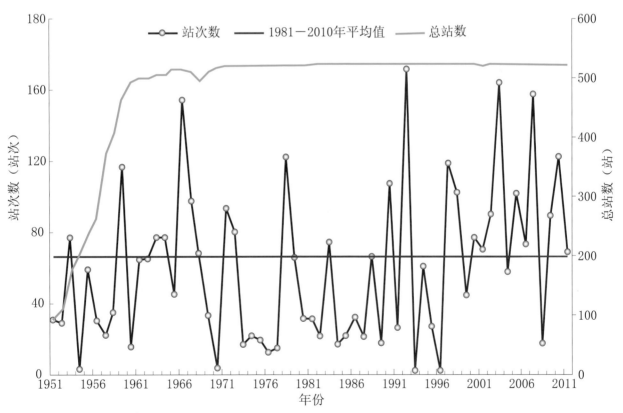

全国连续高温日数达极端阈值站次数历年变化（1951－2011年）

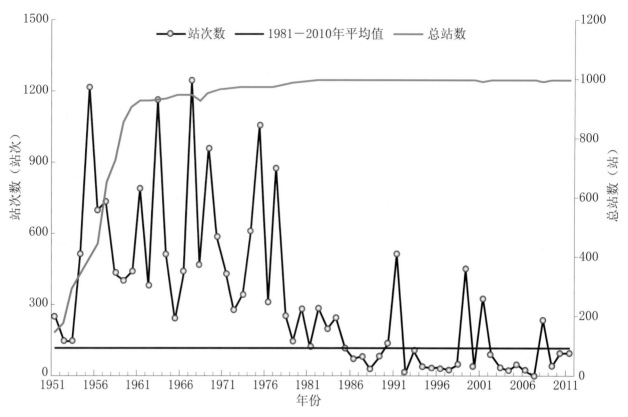

全国日最低气温达极端阈值站次数历年变化（1951－2011年）

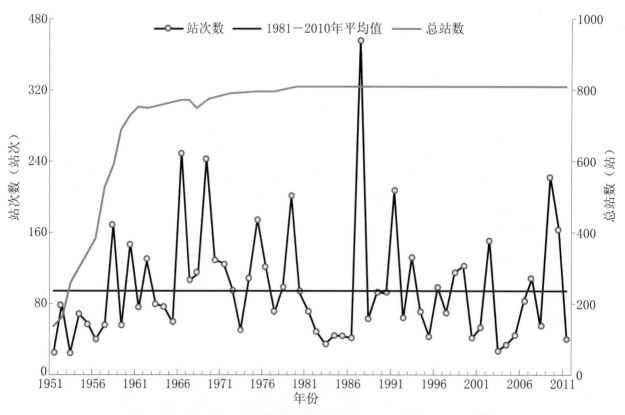

全国连续降温达极端阈值站次数历年变化（1951－2011年）

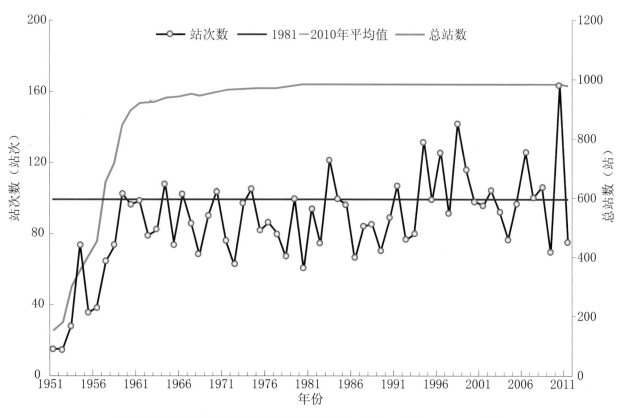

全国日降水量达极端阈值站次数历年变化（1951－2011年）

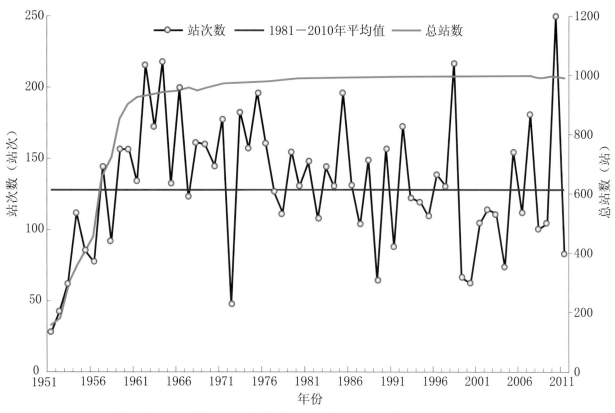

全国连续降水日数达极端阈值站次数历年变化（1951－2011年）

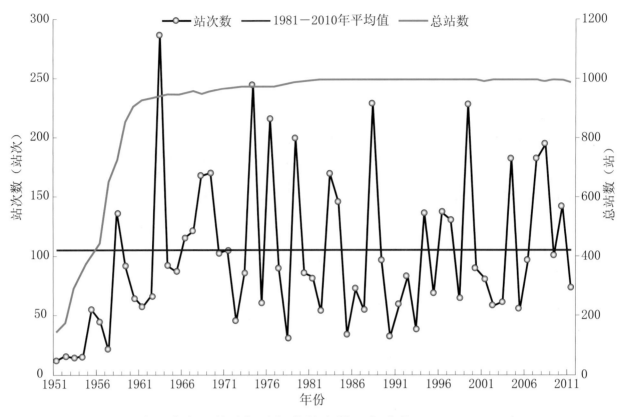

全国连续无降水日数达极端阈值站次数历年变化（1951—2011年）

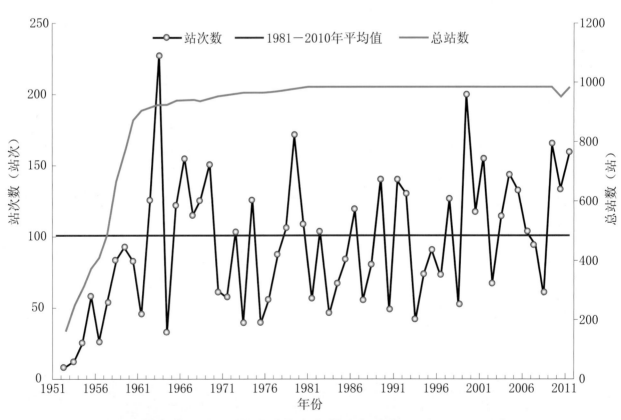

全国连续干旱日数达极端阈值站次数历年变化（1951—2011年）

表1 全国主要城市极端事件阈值

省（区、市）	市（区、县）	高温(℃)	连续高温日数(d)	低温(℃)	日降温(℃)	连续降温(℃)	日降水量(mm)	3日降水量(mm)	连续降水量(mm)	连续降水日数(d)	连续无降水日数(d)	连续干旱日数(d)
北京	北京	40.6	7	-16.6	9.4	14.4	109.8	158.1	174.1	7	91	78
天津	天津	39.3	4	-17.1	9.9	13.7	130.5	157.0	186.3	8	86	92
上海	徐家汇	39.8	12	-7.4	9.9	17.1	164.5	227.2	306.5	14	34	70
重庆	沙坪坝	41.9	16	-0.5	10.1	13.5	190.1	225.1	287.1	13	24	45
河北	石家庄	42.1	10	-14.8	10.1	14.0	131.9	155.9	241.8	10	88	98
	唐山	38.9	5	-22.7	10.9	17.0	103.7	138.2	138.4	8	77	83
	秦皇岛	37.7		-23.9	10.6	17.0	160.9	167.3	167.3	8	79	73
	邯郸	42.0	6	-14.0	10.6	15.4	131.2	167.2	233.6	8	92	96
	邢台	41.7	6	-14.2	9.5	14.1	132.3	189.0	228.3	10	92	97
	保定	41.2	8	-15.8	9.4	13.9	127.6	138.3	140.7	10	95	78
	张家口	39.2	5	-21.5	12.7	17.0	53.4	69.2	71.3	7	72	83
	承德	39.3	5	-24.9	13.0	16.4	82.7	101.3	106.9	8	82	69
	沧州	40.7	8	-17.9	11.4	16.9	138.9	154.8	154.8	6	75	117
	廊坊	40.2	5	-20.3	10.2	14.6	169.9	205.5	252.0	8	85	73
内蒙古	呼和浩特	38.1		-25.7	14.0	19.0	79.4	104.8	119.0	7	90	102
	包头	39.2	5	-27.5	13.4	19.6	77.0	90.6	91.3	7	85	82
	通辽	38.3	3	-31.6	12.0	19.5	98.4	126.9	126.9	7	88	92
	鄂尔多斯	35.6		-25.7	16.9	21.4	108.2	119.1	127.5	7	67	92
	乌兰察布	35.5		-28.7	14.8	21.5	55.9	73.9	86.8	9	71	78
	锡林浩特	38.7	4	-35.6	15.6	24.9	56.2	70.3	73.8	8	45	79
辽宁	沈阳	36.0		-30.0	15.3	21.4	112.2	144.2	163.5	8	54	58
	大连	34.9		-18.0	13.9	20.2	176.1	206.2	245.0	6	55	87
	鞍山	36.5		-25.5	13.6	22.3	128.5	194.5	207.4	9	54	70
	抚顺	37.3		-35.9	16.9	24.6	112.4	162.2	196.3	9	42	72
	本溪	36.9		-33.6	14.2	25.5	143.8	184.5	189.5	9	43	40

注：空白处为资料缺测超过5%或日数为零值超过50%。

省（区、市）	市（区、县）	高温（℃）	连续高温日数（d）	低温（℃）	日降温（℃）	连续降温（℃）	日降水量（mm）	3日降水量（mm）	连续降水量（mm）	连续降水日数（d）	连续无降水日数（d）	连续干旱日数（d）
辽宁	丹东	34.7		-24.6	13.8	19.7	170.6	188.2	261.0	11	43	40
	锦州	38.5		-22.0	11.8	19.5	129.5	164.3	164.6	8	75	61
	营口	34.5		-27.1	11.7	19.6	146.5	189.2	201.8	7	74	63
	阜新	38.8	4	-27.4	13.7	21.4	84.2	126.8	126.8	8	69	88
	辽阳	36.5		-34.8	19.7	25.2	144.7	159.9	191.5	8	64	57
	铁岭	36.8		-32.0	14.9	24.3	124.6	150.8	230.3	8	50	81
	朝阳	41.4	5	-30.0	14.0	23.1	95.6	135.8	140.3	8	90	62
	葫芦岛	38.4		-24.7	12.6	20.7	152.9	193.0	193.0	7	90	63
吉林	长春	35.9		-32.5	14.9	24.0	102.6	149.7	168.9	9	33	48
	吉林	36.2		-40.3	15.8	27.4	79.6	116.3	138.5	12	34	57
	四平	36.1		-31.7	16.1	22.7	118.5	123.1	157.2	9	44	54
	辽源	36.0		-37.9	17.4	26.2	93.1	141.5	151.9	9	34	54
	通化	35.2		-33.1	16.9	26.6	103.6	173.8	212.1	13	24	29
	白山	33.0		-37.9	15.6	26.3	99.8	125.6	234.1	13	17	30
	松原	37.3		-36.0	12.8	22.4	89.2	110.6	132.1	8	58	88
	白城	39.9	3	-36.7	12.4	21.2	75.2	86.3	94.9	8	77	129
	延吉	36.9		-30.1	13.6	19.4	75.7	107.4	131.1	12	46	48
黑龙江	哈尔滨	37.3		-37.4	14.0	21.5	89.2	133.4	121.1	9	41	76
	齐齐哈尔	38.7		-35.0	12.0	20.4	94.1	129.9	165.1	11	58	58
	鹤岗	37.7		-31.6	13.1	20.2	108.4	139.0	169.2	10	45	78
	双鸭山	37.5		-31.8	14.3	21.1	81.2	132.6	149.4	13	37	75
	鸡西	37.4		-30.7	12.5	19.8	66.0	91.3	138.9	10	39	60
	伊春	36.3		-39.9	15.4	26.1	105.0	140.1	159.8	12	26	43
	牡丹江	37.4		-33.7	13.0	21.4	74.1	102.1	122.0	11	39	36
	佳木斯	37.3		-35.3	14.7	22.0	69.1	101.0	109.3	11	50	59
	黑河	37.2		-39.2	13.0	22.5	76.9	105.7	116.9	11	32	71
	绥化	37.5		-38.1	15.0	25.1	85.3	119.5	130.1	9	38	70

（续表）

省（区、市）	市（区、县）	高温 (℃)	连续高温日数 (d)	低温 (℃)	日降温 (℃)	连续降温 (℃)	日降水量 (mm)	3 日降水量 (mm)	连续降水量 (mm)	连续降水日数 (d)	连续无降水日数 (d)	连续干旱日数 (d)
江苏	南京	39.0	12	-11.0	11.6	18.6	169.3	230.2	315.8	12	36	40
	无锡	39.1	16	-7.8	10.4	17.0	136.8	211.9	226.4	12	34	39
	徐州	39.3	7	-12.8	11.5	16.8	159.2	253.5	267.2	9	69	79
	常州	38.6	12	-8.5	11.6	17.6	167.5	247.3	289.7	12	34	58
	苏州	39.3	9	-7.1	9.9	16.1	148.6	192.8	217.0	12	34	46
	南通	38.5	6	-8.1	10.3	17.0	136.2	224.6	251.3	12	34	58
	连云港	38.7	5	-12.1	10.7	16.5	167.1	211.9	254.1	9	49	61
	淮安	37.7	7	-14.1	11.2	16.7	136.4	234.0	334.0	10	45	55
	盐城	37.6	6	-10.2	10.8	15.7	132.5	178.1	259.7	10	51	64
	扬州	39.1	11	-11.8	11.6	17.6	145.4	238.5	253.7	13	34	50
	宿迁	38.5	5	-15.6	11.9	17.0	172.0	267.9	342.5	10	50	61
浙江	杭州	39.7	22	-6.4	10.4	15.7	127.2	207.6	313.3	15	32	56
	温州	39.3	12	-3.4	10.8	15.5	252.5	358.4	521.9	19	36	51
	嘉兴	39.7	11	-7.9	10.3	16.1	134.3	203.0	223.7	16	33	49
	湖州	38.9	15	-8.0	10.1	16.4	130.7	197.6	222.4	13	32	52
	绍兴	39.7	19	-7.8	10.0	16.7	120.7	192.0	255.5	20	30	38
	金华	40.5	25	-5.6	12.5	16.6	121.2	169.3	292.6	18	30	65
	衢州	40.3	19	-6.6	11.2	16.5	146.2	244.2	390.4	19	30	69
	台州	39.4	7	-5.9	11.4	16.3	291.8	366.1	400.8	17	32	45
	丽水	41.4	34	-6.5	11.6	17.2	117.6	186.6	310.6	19	33	59
安徽	合肥	39.1	11	-11.9	12.1	17.4	126.4	192.8	254.2	13	35	62
	芜湖	39.5	17	-8.1	11.0	16.0	175.3	242.5	333.9	14	34	54
	蚌埠	39.7	11	-12.0	11.6	17.0	162.6	209.5	270.8	9	36	51
	淮南	39.3	11	-13.0	11.8	17.2	173.3	204.5	299.8	11	35	55
	马鞍山	39.5	13	-10.9	11.9	18.2	164.3	241.1	323.9	15	34	49
	安庆	39.4	15	-6.6	11.1	17.3	213.5	276.3	404.4	14	38	46
	滁州	38.6	11	-11.0	12.2	17.0	179.9	247.1	418.5	13	39	48

省（区、市）	市（区、县）	高温（℃）	连续高温日数（d）	低温（℃）	日降温（℃）	连续降温（℃）	日降水量（mm）	3日降水量（mm）	连续降水量（mm）	连续降水日数（d）	连续无降水日数（d）	连续干旱日数（d）
安徽	阜阳	39.3	10	-13.1	11.9	18.4	200.9	248.2	339.8	10	42	78
	宿州	40.4	11	-18.1	11.5	18.5	173.2	255.6	344.3	9	45	68
	巢湖	38.9	12	-10.0	11.9	17.7	192.6	257.7	328.7	12	35	52
	六安	39.7	13	-11.6	11.6	17.8	141.0	222.0	265.9	14	34	64
	亳州	40.0	8	-14.9	11.9	18.9	172.7	240.8	302.4	9	54	76
	池州	39.1	16	-9.0	10.3	16.8	209.5	266.1	405.3	16	33	46
	宣城	40.2	15	-10.2	10.8	17.8	165.8	237.7	383.1	14	33	58
福建	福州	39.9	20	-0.3	10.1	14.4	170.9	260.3	293.3	17	34	64
	厦门	38.5	4	2.0	9.6	13.6	208.0	331.0	427.8	18	65	53
	莆田	37.4	5	0.8	10.1	13.8	186.6	308.0	383.8	18	43	51
	三明	40.4	27	-3.8	11.8	17.1	142.2	206.8	327.3	16	31	64
	漳州	39.2	13	1.3	7.9	15.0	195.4	331.7	415.3	16	66	72
	南平	39.5	23	-3.4	11.9	15.9	176.2	247.3	421.1	20	34	65
江西	南昌	39.6	18	-6.8	11.7	16.5	181.5	251.3	414.6	16	35	58
	景德镇	40.0	20	-6.0	12.8	17.7	167.3	265.6	415.1	17	36	45
	萍乡	40.7	19	-5.4	10.9	16.9	175.5	232.2	350.1	19	29	44
	九江	40.7	18	-5.3	11.6	16.0	164.4	219.5	280.7	14	35	41
	新余	40.0	19	-4.2	11.9	18.2	127.9	192.5	355.4	17	33	81
	吉安	40.7	21	-4.9	12.1	19.0	158.5	214.7	392.2	17	36	59
	宜春	40.1	15	-5.9	11.5	16.4	211.0	241.0	365.0	18	28	46
山东	济南	40.9	8	-14.0	12.8	19.5	167.4	193.0	217.6	8	59	89
	青岛	36.8		-11.3	11.5	17.6	164.0	254.6	266.4	8	61	76
	淄博	40.4	6	-18.0	12.3	18.2	101.8	126.9	150.9	7	50	83
	枣庄	39.4	7	-12.9	10.3	16.9	161.9	193.4	211.7	9	69	92
	潍坊	40.3	6	-16.5	10.6	17.5	108.2	133.4	136.2	7	56	95
	济宁	39.0	6	-14.3	12.1	18.2	167.2	186.8	199.5	8	78	115
	泰安	38.6	5	-18.1	11.8	17.7	147.2	166.5	178.4	8	60	126

（续表）

省（区、市）	市（区、县）	高温（℃）	连续高温日数（d）	低温（℃）	日降温（℃）	连续降温（℃）	日降水量（mm）	3日降水量（mm）	连续降水量（mm）	连续降水日数（d）	连续无降水日数（d）	连续干旱日数（d）
山东	日照	36.2		-11.4	11.2	18.2	180.6	226.3	226.3	8	69	84
	莱芜	38.4	4	-18.0	11.6	17.6	178.0	197.5	199.9	8	60	95
	临沂	38.4	4	-12.6	9.9	15.7	165.3	211.0	223.9	9	54	79
	德州	41.1	6	-16.1	9.9	17.3	159.2	206.4	193.6	7	68	86
	滨州	39.9	6	-16.6	9.7	17.9	142.2	149.8	181.6	8	66	85
	菏泽	40.8	7	-14.9	12.1	18.3	104.7	149.7	154.1	10	81	86
河南	郑州	41.0	7	-14.3	12.7	16.3	119.9	166.6	192.1	9	67	87
	开封	39.8	6	-12.1	11.2	17.1	170.8	196.5	205.3	9	67	76
	洛阳	40.6	6	-13.2	11.1	15.3	125.0	137.7	143.1	9	79	71
	平顶山	41.0	9	-14.5	11.1	16.2	142.8	210.8	212.6	9	57	67
	安阳	41.4	6	-16.5	10.7	15.2	178.4	209.1	286.0	10	88	86
	新乡	40.5	6	-12.8	11.1	15.8	140.3	182.9	161.2	9	88	81
	焦作	41.1	8	-11.0	11.2	14.8	124.5	163.6	163.6	9	81	77
	濮阳	40.6	7	-17.8	11.9	17.2	139.5	200.6	206.4	9	86	77
	许昌	40.4	8	-14.0	12.7	16.5	113.6	176.0	249.4	11	57	72
	漯河	40.7	9	-13.6	11.1	15.9	155.4	248.6	255.0	9	55	62
	三门峡	40.8	8	-12.5	11.5	15.9	93.4	108.3	142.9	9	65	80
	南阳	39.1	7	-15.4	12.1	15.7	147.0	187.9	216.0	10	49	75
	商丘	39.4	8	-14.2	11.5	17.4	136.5	173.1	199.3	10	55	72
	信阳	39.1	7	-11.6	12.5	18.5	188.3	234.1	290.7	12	39	67
	驻马店	40.6	9	-17.3	12.7	18.6	164.8	291.0	291.4	13	47	60
湖北	汉口	39.1	12	-9.8	12.0	16.5	209.8	301.8	399.5	13	34	54
	黄石	40.2	17	-6.1	12.5	16.6	181.3	232.2	442.8	15	35	48
	荆州	38.2	9	-6.1	11.8	14.5	120.3	172.5	200.7	12	37	46
	宜昌	39.8	11	-4.4	10.9	13.3	158.0	202.9	250.6	12	35	46
	襄樊	39.3	7	-7.4	11.2	15.7	126.1	171.6	174.9	11	44	55
	鄂州	39.9	17	-6.0	11.8	17.4	191.0	259.2	443.8	14	37	46

省(区、市)	市(区、县)	高温(℃)	连续高温日数(d)	低温(℃)	日降温(℃)	连续降温(℃)	日降水量(mm)	3日降水量(mm)	连续降水量(mm)	连续降水日数(d)	连续无降水日数(d)	连续干旱日数(d)
湖北	荆门	38.0	6	-8.3	12.3	16.1	137.3	181.2	234.8	10	42	68
	孝感	38.2	8	-13.7	11.8	17.2	165.4	257.5	257.5	12	35	76
	黄冈	39.3	17	-7.4	11.5	17.1	163.0	257.9	301.9	13	38	47
	咸宁	40.5	19	-7.7	12.2	19.0	163.9	243.6	458.3	14	33	44
	随州	39.5	9	-10.8	11.7	17.3	170.6	194.9	253.4	15	43	75
	恩施	39.1	9	-3.2	8.8	12.8	145.5	226.9	268.8	16	21	56
湖南	长沙	40.7	18	-8.6	11.8	17.1	138.4	201.8	299.6	16	33	77
	株洲	40.1	19	-6.9	13.7	18.1	116.9	165.9	282.6	16	34	65
	湘潭	40.4	15	-7.7	13.8	18.0	125.4	177.9	278.3	15	32	68
	衡阳	40.2	24	-4.3	13.5	17.1	145.5	172.7	248.8	20	34	53
	邵阳	38.9	14	-5.2	12.7	15.4	135.3	170.4	233.2	15	29	70
	岳阳	38.6	7	-5.1	13.5	18.3	161.6	222.4	300.0	14	33	47
	张家界	40.8	12	-3.6	11.0	14.4	179.9	258.5	394.0	16	26	54
	郴州	40.2	17	-4.2	15.4	21.5	226.3	365.3	379.4	20	30	48
	永州	39.7	16	-4.6	17.7	20.5	120.1	170.3	238.2	17	31	68
	娄底	40.4	14	-5.2	10.7	17.1	125.2	198.1	276.2	16	33	60
	吉首	39.4	14	-3.8	10.7	14.6	208.9	237.5	289.7	15	30	52
广东	广州	38.9	9	1.8	12.1	16.8	213.1	275.9	431.1	20	42	72
	深圳	37.3	4	2.4	11.8	17.1	308.6	447.1	554.1	16	51	81
	汕头	38.4	6	1.9	9.6	15.3	214.8	358.1	462.7	15	56	68
	湛江	37.2	5	4.2	12.1	16.6	247.7	318.8	461.4	16	50	72
	汕尾	37.5		3.0	10.0	14.7	268.3	389.5	520.6	14	62	74
	河源	38.8	10	-0.1	13.7	17.9	225.8	345.2	577.8	22	57	84
	阳江	37.3	3	3.4	11.8	15.7	433.1	724.3	853.9	18	49	82
	清远	38.7	10	1.5	11.8	17.4	207.7	330.7	562.5	22	43	72
	中山	38.3	9	1.9	11.8	16.4	304.9	420.2	479.3	19	49	72
	潮州	38.7	10	2.1	10.3	16.9	208.8	340.9	525.6	22	66	55

（续表）

省（区、市）	市（区、县）	高温（℃）	连续高温日数（d）	低温（℃）	日降温（℃）	连续降温（℃）	日降水量（mm）	3日降水量（mm）	连续降水量（mm）	连续降水日数（d）	连续无降水日数（d）	连续干旱日数（d）
广东	揭阳	39.2	10	1.9	9.9	16.2	238.1	341.6	481.8	18	54	58
广西	南宁	38.5	10	-0.8	11.1	16.1	190.9	277.5	294.6	13	47	77
	柳州	38.7	14	0.0	13.4	18.3	172.3	240.5	345.2	16	35	80
	桂林	38.5	10	-2.2	12.6	16.4	214.9	331.2	506.0	18	34	60
	梧州	39.1	11	-0.5	13.4	17.7	148.7	206.6	327.6	17	42	72
	北海	36.4		2.7	13.7	17.1	352.2	470.8	602.7	16	43	85
	钦州	37.5	6	2.4	12.2	16.7	313.2	473.3	780.2	19	35	53
	贵港	38.8	12	0.0	12.4	17.2	160.6	221.0	351.0	18	41	81
	玉林	38.2	11	1.3	12.6	17.1	170.4	248.5	319.1	16	48	79
	百色	41.0	16	0.9	8.6	13.2	134.1	170.2	236.8	12	45	89
	来宾	39.2	11	-0.9	12.3	17.4	200.5	293.9	367.3	15	41	73
	崇左	40.0	15	1.7	10.3	14.6	169.7	188.9	259.5	16	45	64
海南	海口	38.6	11	6.7	10.2	14.0	292.5	417.4	748.7	16	36	95
	三亚	35.6		9.2	8.4	10.8	258.7	401.2	446.8	15	60	85
四川	成都	36.0		-4.2	8.6	13.2	187.6	250.8	257.5	14	38	77
	自贡	39.0	10	-1.4	10.2	12.9	168.7	175.2	193.7	13	26	53
	绵阳	38.1	8	-5.2	9.5	13.0	189.5	242.0	255.0	11	40	65
	乐山	37.6	6	-1.6	9.2	12.3	247.3	296.3	316.6	14	21	67
	南充	41.2	13	-2.1	10.6	13.0	151.7	207.4	235.4	11	29	93
	宜宾	39.1	10	-1.0	10.1	12.6	177.7	225.7	225.7	17	22	91
	雅安	36.9		-2.4	8.8	11.7	219.0	345.3	471.3	17	19	55
	巴中	39.7	11	-3.4	9.7	13.0	155.7	266.7	277.5	12	26	53
	资阳	38.6	10	-2.5	9.4	13.2	143.8	216.6	244.7	12	29	78
	马尔康	34.6		-16.0	10.6	12.2	45.6	72.9	202.4	22	55	71
	甘孜	29.7		-23.5	12.3	17.5	33.4	58.1	147.6	25	45	52
	西昌	36.1		-3.1	13.8	15.9	117.0	154.0	238.7	18	62	86
贵州	贵阳	34.6		-6.3	15.0	17.2	122.9	149.9	177.4	15	21	64

省（区、市）	市（区、县）	高温(℃)	连续高温日数(d)	低温(℃)	日降温(℃)	连续降温(℃)	日降水量(mm)	3日降水量(mm)	连续降水量(mm)	连续降水日数(d)	连续无降水日数(d)	连续干旱日数(d)
贵州	安顺	32.4		-5.2	12.5	16.9	169.4	243.0	256.6	18	23	46
	铜仁	39.7	15	-3.6	12.6	16.2	143.4	198.1	262.8	17	28	58
	毕节	34.2		-6.2	10.0	13.7	112.0	135.2	187.3	23	21	48
	兴义	35.7		-3.3	11.9	15.9	141.0	192.4	385.2	23	27	57
	凯里	36.8	3	-5.3	15.1	18.6	177.8	184.2	225.0	16	27	55
	都匀	35.6		-4.5	14.8	19.2	169.5	232.0	374.4	19	25	60
云南	昆明	30.4		-5.8	9.6	11.9	111.9	143.8	205.1	16	51	89
	玉溪	32.4		-3.1	8.8	12.2	93.9	128.0	222.0	16	57	77
	保山	31.4		-3.0	8.8	11.3	83.4	137.0	247.7	20	53	90
	丽江	31.4		-7.1	9.3	12.9	88.6	119.3	284.1	25	77	89
	曲靖	32.7		-8.5	11.1	13.6	106.7	168.3	187.6	14	33	51
	临沧	33.6		0.5	7.4	9.6	82.7	142.1	335.8	30	67	89
	普洱	34.3		0.5	7.1	10.4	126.7	181.9	520.8	32	70	53
	蒙自	35.1		-2.1	9.7	12.5	88.3	137.6	228.2	14	57	66
	景洪	40.0	13	5.1	6.5	10.4	108.4	152.7	240.2	22	84	84
	楚雄	32.9		-4.5	9.0	11.7	88.5	152.7	231.4	16	65	79
	大理	31.0		-3.7	10.1	12.7	95.8	140.3	212.8	17	56	59
	潞西	35.4		0.2	8.0	10.4	121.3	162.7	696.2	54	64	65
西藏	拉萨	29.9		-15.2	10.7	12.9	39.0	61.2	120.6	18	124	76
	那曲	23.1		-33.3	16.2	17.7	31.9	63.5	126.2	20	62	49
	昌都	32.0		-19.4	11.1	13.8	39.1	58.8	137.4	19	73	60
	山南	30.2		-16.2	10.4	12.0	35.1	62.2	132.4	18	132	93
	日喀则	28.7		-19.5	13.3	15.2	40.0	72.3	249.3	21	185	80
陕西	西安	41.7	11	-13.1	11.3	14.0	92.5	111.1	144.3	13	66	67
	铜川	37.4		-17.5	11.1	17.7	96.0	133.4	179.0	11	66	64
	宝鸡	40.3	7	-11.3	10.1	15.5	77.2	109.0	143.4	14	59	63
	咸阳	41.4	10	-17.4	10.3	17.6	72.2	91.3	153.4	11	66	65

中国极端天气气候事件图集

THE ATLAS OF EXTREME WEATHER AND CLIMATE EVENTS IN CHINA

（续表）

省（区、市）	市（区、县）	高温（℃）	连续高温日数（d）	低温（℃）	日降温（℃）	连续降温（℃）	日降水量（mm）	3日降水量（mm）	连续降水量（mm）	连续降水日数（d）	连续无降水日数（d）	连续干旱日数（d）
陕西	渭南	40.6	12	-14.5	10.7	14.5	73.3	119.3	145.1	12	65	83
	延安	38.4	5	-22.8	11.9	19.8	84.0	102.9	143.6	10	76	76
	榆林	38.3	5	-29.0	14.5	22.8	83.2	93.2	118.2	9	89	75
	安康	40.7	13	-6.3	10.4	13.8	117.1	148.0	229.5	12	47	61
甘肃	兰州	39.7	5	-18.0	12.0	14.9	50.0	68.2	69.0	7	93	102
	金昌	35.1		-27.0	11.5	17.0	38.4	51.5	61.3	11	88	70
	白银	37.0		-21.2	11.8	16.9	40.6	48.7	50.1	7	93	105
	天水	37.7		-14.2	9.8	15.6	75.4	96.4	106.8	9	48	76
	酒泉	36.6		-28.9	12.8	19.0	33.3	42.3	46.0	7	93	92
	武威	38.8	3	-25.3	12.6	16.9	48.5	50.1	53.1	7	82	88
	张掖	38.4	4	-28.1	10.6	17.2	28.9	38.8	44.9	7	71	127
	平凉	35.7		-19.0	9.7	16.6	76.2	142.4	186.5	13	58	65
	庆阳	35.4		-20.0	12.5	18.0	111.5	137.0	163.8	12	64	64
	定西	34.8		-25.6	10.8	17.9	46.6	75.0	79.6	9	76	77
	临夏	35.9		-22.1	11.0	17.0	72.4	83.0	86.1	11	63	85
	合作	29.5		-27.1	11.2	15.2	47.3	68.5	89.5	13	63	45
青海	西宁	35.6		-23.1	10.5	15.7	42.0	68.8	71.8	10	80	91
	同仁	34.9		-20.5	10.3	12.9	39.5	49.0	77.3	11	83	96
	共和	32.2		-24.8	11.4	14.0	38.3	60.8	67.9	10	109	64
	玛沁	25.2		-33.1	15.9	19.9	36.0	63.8	114.5	19	51	31
	玉树	29.1		-26.3	13.7	17.0	31.3	50.7	115.1	21	58	60
	德令哈	34.1		-26.9	11.2	17.8	34.8	51.8	60.5	8	87	87
宁夏	银川	37.2	4	-24.3	12.4	20.9	53.2	65.6	62.0	6	155	105
	中卫	36.8		-28.5	12.3	18.2	50.7	56.4	54.8	6	121	132
新疆	乌鲁木齐	39.6	4	-28.5	15.3	20.3	42.6	53.7	53.7	9	33	73
	克拉玛依	42.1	13	-33.2	13.4	21.1	29.8	41.4	40.1	9	58	92
	吐鲁番	47.7	61	-18.3	9.3	15.4	12.7	12.7	12.7	4	250	87

省 （区、市）	市 （区、县）	高温 （℃）	连续高温日数 （d）	低温 （℃）	日降温 （℃）	连续降温 （℃）	日降水量 （mm）	3 日降水量 （mm）	连续降水量 （mm）	连续降水日数 （d）	连续无降水日数 （d）	连续干旱日数 （d）
新疆	哈密	42.3	13	-27.7	12.3	18.3	21.8	25.5	25.5	4	120	89
	和田	40.2	7	-19.4	10.2	14.5	17.5	24.1	25.9	7	163	165
	阿克苏	38.7	6	-22.9	10.6	16.0	27.9	34.7	37.1	8	139	157
	塔城	40.3	8	-32.1	17.9	25.0	30.1	54.6	53.2	8	34	101
	阿勒泰	37.3		-40.3	19.5	29.4	30.9	46.9	45.2	8	39	83
	库尔勒	39.8	9	-23.6	11.6	17.2	22.6	24.0	24.0	5	133	111
	博乐	39.0	6	-34.2	12.2	26.0	31.6	39.5	41.7	9	36	80

表2 全国主要城市极端事件极值

省(区、市)	市(区、县)	高温(℃)	连续高温日数(d)	低温(℃)	日降温(℃)	连续降温(℃)	日降水量(mm)	3日降水量(mm)	连续降水量(mm)	连续降水日数(d)	连续无降水日数(d)	连续干旱日数(d)
北京	北京	41.9	9	-27.4	15.7	22.6	244.2	351.8	499.2	14	114	157
天津	天津	40.5	7	-22.9	13.3	21.7	158.1	201.6	231.5	8	104	109
上海	徐家汇	40.0	22	-10.1	12.8	19.9	278.0	328.6	487.6	17	65	98
重庆	沙坪坝	43.0	28	-1.8	11.4	14.3	271.0	350.7	369.9	18	31	78
河北	石家庄	42.9	15	-19.8	14.3	20.3	359.3	511.8	737.8	14	98	149
	唐山	40.1	6	-25.2	12.9	21.9	179.2	230.3	232.7	10	108	104
	秦皇岛	39.9	2	-26.0	11.3	20.8	215.4	276.2	276.2	13	119	95
	邯郸	43.6	10	-19.0	15.2	17.8	211.9	250.5	380.4	11	107	129
	邢台	42.4	10	-22.4	16.5	20.1	304.3	570.2	786.7	12	106	197
	保定	43.3	10	-22.0	13.3	18.7	185.6	369.8	504.1	11	111	131
	张家口	41.1	9	-25.7	13.8	19.6	100.4	138.6	174.6	10	95	96
	承德	43.3	7	-27.0	14.1	20.0	151.4	210.8	236.3	13	98	112
	沧州	42.9	10	-22.1	13.6	21.0	274.3	274.3	274.3	10	107	167
	廊坊	40.3	8	-25.5	13.9	20.2	195.4	308.4	361.0	10	114	104
内蒙古	呼和浩特	38.9	7	-32.8	16.5	27.6	210.1	226.6	236.6	11	133	209
	包头	40.1	7	-31.4	15.6	26.7	100.8	120.1	131.7	7	123	137
	通辽	39.1	4	-33.9	15.4	22.2	174.4	197.8	230.0	10	108	123
	鄂尔多斯	36.5	2	-29.8	17.9	24.5	147.9	175.6	175.6	11	133	117
	乌兰察布	35.7	2	-33.8	16.0	28.6	67.5	108.4	122.6	15	125	144
	锡林浩特	39.4	5	-42.4	18.8	30.5	99.2	133.4	153.9	13	59	113
辽宁	沈阳	38.3	5	-32.9	18.5	27.2	215.5	216.4	239.4	9	74	83
	大连	35.3	1	-21.1	17.3	22.9	232.1	257.5	288.1	9	78	122
	鞍山	36.9	3	-30.4	22.7	27.1	236.8	254.8	260.7	10	74	81
	抚顺	37.7	6	-37.3	18.6	31.9	177.7	220.5	330.2	16	57	84
	本溪	37.5	4	-34.5	21.7	31.9	228.6	362.0	383.2	15	51	107

省(区、市)	市(区)(县)	高温(℃)	连续高温日数(d)	低温(℃)	日降温(℃)	连续降温(℃)	日降水量(mm)	3日降水量(mm)	连续降水量(mm)	连续降水日数(d)	连续无降水日数(d)	连续干旱日数(d)
辽宁	丹东	35.5	1	−28.0	15.5	22.9	414.4	613.1	615.2	13	76	78
	锦州	41.8	5	−24.8	15.4	25.0	174.9	234.5	234.5	9	108	109
	营口	35.3	1	−28.4	18.0	22.1	240.5	317.1	320.1	10	103	108
	阜新	40.9	5	−30.9	15.8	25.7	161.7	186.8	225.1	10	96	104
	辽阳	37.0	3	−35.6	21.0	27.2	242.5	279.6	348.0	12	74	99
	铁岭	37.6	2	−34.6	22.9	30.3	272.8	386.7	387.5	10	64	112
	朝阳	43.3	7	−34.4	16.3	33.3	232.2	288.6	288.6	9	141	117
	葫芦岛	41.5	5	−28.4	14.6	24.4	227.3	270.3	270.3	9	428	320
吉林	长春	38.0	2	−36.5	18.8	25.5	130.4	175.1	290.0	15	48	121
	吉林	38.4	2	−42.5	19.8	31.3	119.3	152.9	250.0	21	57	96
	四平	37.3	3	−34.6	20.9	26.8	157.1	189.8	225.6	11	66	113
	辽源	36.7	3	−41.0	21.7	28.1	119.2	171.6	277.7	13	53	116
	通化	35.6	3	−36.3	20.6	31.9	170.0	222.0	303.9	15	42	45
	白山	34.1	0	−40.5	20.2	30.2	162.9	222.0	305.0	18	21	78
	松原	37.8	3	−39.8	14.6	24.7	106.2	158.2	158.2	11	72	124
	白城	40.7	4	−38.1	15.6	22.2	119.2	160.2	205.1	14	107	195
	延吉	37.7	6	−32.7	19.5	24.1	105.3	176.6	246.9	16	65	124
黑龙江	哈尔滨	39.2	4	−38.1	20.4	28.3	155.3	220.2	235.9	10	72	92
	齐齐哈尔	40.8	5	−39.5	13.9	21.3	133.0	165.1	218.5	12	70	81
	鹤岗	37.7	4	−34.5	16.1	22.4	126.1	186.0	206.2	27	52	121
	双鸭山	38.2	4	−37.1	16.3	24.1	98.1	158.1	265.7	23	173	88
	鸡西	37.6	3	−35.1	16.7	22.7	121.8	155.6	212.4	15	48	91
	伊春	38.2	3	−43.1	20.5	30.8	133.1	161.1	312.3	19	30	70
	牡丹江	38.4	3	−38.3	17.8	26.2	129.2	167.7	167.7	16	54	91
	佳木斯	38.1	4	−41.1	17.4	25.8	88.5	137.8	181.2	13	55	98
	黑河	39.3	5	−44.5	16.9	28.5	107.1	164.4	170.0	15	55	121
	绥化	39.4	4	−41.8	16.9	30.4	110.9	168.8	187.9	16	48	96

（续表）

省（区、市）	市（区、县）	高温（℃）	连续高温日数（d）	低温（℃）	日降温（℃）	连续降温（℃）	日降水量（mm）	3日降水量（mm）	连续降水量（mm）	连续降水日数（d）	连续无降水日数（d）	连续干旱日数（d）
江苏	南京	40.7	28	-14.0	14.7	20.6	207.2	278.3	370.1	16	43	116
	无锡	39.9	18	-12.5	12.5	20.1	202.9	321.1	400.2	16	66	110
	徐州	40.6	17	-22.6	12.9	20.0	315.4	368.9	370.6	17	73	123
	常州	39.4	17	-15.5	13.0	21.5	196.2	326.1	423.8	17	66	118
	苏州	39.7	12	-9.5	12.0	19.8	343.1	413.9	464.5	18	45	99
	南通	39.5	11	-10.8	12.7	21.0	287.1	297.4	420.0	20	66	84
	连云港	40.2	14	-18.1	11.6	20.8	264.4	291.2	334.9	14	84	126
	淮安	39.5	11	-21.5	13.7	21.6	207.9	291.1	365.7	14	78	148
	盐城	39.1	11	-14.3	13.4	22.4	167.9	238.6	369.5	13	69	114
	扬州	39.9	17	-15.8	13.8	19.3	249.0	281.8	354.8	15	66	168
	宿迁	40.0	12	-23.4	13.2	20.6	288.1	439.9	440.1	19	66	92
浙江	杭州	40.3	26	-9.6	11.8	17.6	191.3	315.3	412.9	25	38	114
	温州	41.7	14	-4.5	14.6	17.5	403.8	502.4	650.3	23	48	122
	嘉兴	40.0	12	-11.9	12.3	18.1	289.8	376.2	397.6	19	473	209
	湖州	39.2	21	-11.1	12.5	18.0	172.6	278.6	502.3	19	60	102
	绍兴	39.9	22	-10.2	12.0	19.3	215.3	369.6	400.5	21	38	123
	金华	41.2	47	-9.6	13.5	18.9	140.0	237.7	383.6	20	43	104
	衢州	40.9	29	-10.4	13.0	17.2	205.0	360.1	563.6	20	43	86
	台州	40.3	12	-7.1	17.1	18.6	321.0	417.1	499.9	22	39	120
	丽水	43.2	38	-7.7	12.5	18.3	143.7	268.8	546.0	22	39	98
安徽	合肥	41.0	21	-18.3	13.8	20.3	238.4	251.0	293.4	14	62	107
	芜湖	41.0	21	-13.1	13.4	18.9	245.0	491.8	498.7	17	40	134
	蚌埠	41.3	18	-19.4	13.9	19.1	216.7	265.7	333.0	13	66	118
	淮南	41.2	19	-16.7	15.8	20.3	218.7	362.9	385.4	13	68	201
	马鞍山	39.9	21	-13.7	13.7	20.9	254.6	359.6	690.5	16	62	161
	安庆	40.9	19	-12.5	14.3	20.1	300.0	448.6	668.5	17	44	102
	滁州	41.2	20	-22.9	15.3	19.4	351.7	494.8	666.6	15	62	148

省（区、市）	市（区、县）	高温（℃）	连续高温日数（d）	低温（℃）	日降温（℃）	连续降温（℃）	日降水量（mm）	3日降水量（mm）	连续降水量（mm）	连续降水日数（d）	连续无降水日数（d）	连续干旱日数（d）
安徽	阜阳	41.4	19	-20.4	13.5	21.5	226.1	369.0	405.3	12	63	83
	宿州	40.9	15	-23.2	13.0	23.0	221.6	332.4	365.1	12	66	108
	巢湖	39.6	28	-13.2	14.1	20.2	251.8	326.3	436.6	17	62	124
	六安	41.0	27	-18.9	14.3	25.6	250.0	252.6	329.6	19	62	109
	亳州	42.1	18	-20.6	12.9	22.1	285.3	294.9	406.1	12	79	117
	池州	40.8	30	-15.6	12.3	21.4	250.3	313.0	586.7	17	40	98
	宣城	40.7	36	-13.8	13.0	19.5	272.4	407.2	561.3	16	62	74
福建	福州	41.7	36	-1.7	12.1	16.7	195.6	303.1	372.4	21	66	109
	厦门	39.2	10	1.5	10.1	14.6	315.7	402.5	509.5	22	78	167
	莆田	38.7	8	-2.3	11.0	15.8	313.8	503.7	566.8	24	67	149
	三明	41.4	37	-5.8	13.3	18.9	174.5	306.8	553.2	27	39	126
	漳州	40.3	19	-2.1	9.8	17.1	256.1	413.3	454.3	23	70	121
	南平	41.8	40	-5.8	12.8	19.7	189.0	349.0	684.6	35	48	139
江西	南昌	40.6	22	-9.7	14.2	19.2	289.0	441.0	691.9	20	51	98
	景德镇	41.8	46	-10.9	15.3	20.7	228.5	327.7	699.2	20	50	90
	萍乡	41.0	30	-9.3	14.2	19.4	186.5	275.5	495.8	22	51	80
	九江	40.9	29	-9.7	14.4	18.7	248.6	320.1	515.3	17	52	96
	新余	40.6	33	-8.2	19.6	21.1	154.3	222.5	477.3	27	51	101
	吉安	40.9	41	-8.0	16.5	20.1	198.8	309.6	434.5	24	55	156
	宜春	41.6	27	-9.2	13.6	18.8	235.1	258.1	501.9	30	51	86
山东	济南	42.5	10	-19.7	18.8	22.6	298.4	304.1	304.1	13	71	128
	青岛	38.9	1	-14.3	14.1	20.6	241.2	310.9	310.9	12	83	111
	淄博	42.1	11	-23.0	15.9	22.2	179.3	187.8	238.4	12	71	146
	枣庄	40.9	10	-19.2	11.2	20.7	244.5	277.0	407.7	11	82	138
	潍坊	41.4	13	-21.4	14.3	19.7	188.8	291.8	326.6	14	106	170
	济宁	41.6	10	-19.4	13.1	19.7	220.9	224.0	250.1	12	111	133
	泰安	42.1	13	-22.4	14.1	21.9	150.2	271.5	386.6	18	105	153

（续表）

省（区、市）	市（区、县）	高温（℃）	连续高温日数（d）	低温（℃）	日降温（℃）	连续降温（℃）	日降水量（mm）	3日降水量（mm）	连续降水量（mm）	连续降水日数（d）	连续无降水日数（d）	连续干旱日数（d）
山东	日照	41.4	2	-14.5	12.6	22.0	219.2	345.3	365.8	13	82	141
	莱芜	39.9	8	-22.5	16.1	21.1	228.3	298.5	298.5	12	84	181
	临沂	41.6	9	-16.5	11.6	21.1	277.8	320.0	692.1	22	84	117
	德州	43.4	12	-27.0	15.5	25.6	179.4	297.3	297.3	14	101	198
	滨州	40.9	12	-22.8	14.9	19.0	160.7	245.6	276.5	11	141	125
	菏泽	42.0	9	-20.4	13.0	22.6	223.1	239.6	484.1	15	124	111
河南	郑州	43.0	12	-17.9	14.4	22.9	189.4	218.0	243.0	13	98	155
	开封	42.9	13	-16.0	14.4	23.4	217.8	305.4	409.5	13	98	133
	洛阳	43.7	10	-17.2	12.7	16.4	134.9	259.7	283.4	10	98	114
	平顶山	43.4	15	-19.1	15.1	23.0	288.8	296.7	296.7	11	83	79
	安阳	43.2	10	-21.7	14.1	22.5	249.2	337.4	609.0	10	106	108
	新乡	42.7	12	-21.3	14.5	18.2	200.5	384.7	568.5	11	106	136
	焦作	43.5	10	-17.8	13.7	22.7	168.3	232.9	315.6	11	103	138
	濮阳	42.2	9	-20.7	15.1	18.9	276.9	314.2	384.1	10	124	102
	许昌	41.9	13	-19.6	17.1	21.1	177.2	220.4	305.1	12	97	93
	漯河	42.3	13	-15.9	16.8	23.6	279.6	444.1	448.5	11	64	93
	三门峡	43.2	13	-16.5	13.6	17.2	115.8	216.7	312.7	14	104	113
	南阳	41.4	12	-21.2	13.9	20.5	212.9	446.1	589.7	15	64	104
	商丘	43.0	14	-18.9	12.8	19.3	193.3	293.8	435.8	11	79	145
	信阳	40.9	16	-20.0	15.5	20.8	276.2	334.8	518.3	15	52	190
	驻马店	41.9	16	-18.1	13.3	23.5	420.4	553.2	591.0	16	63	133
湖北	汉口	39.6	27	-18.1	14.6	21.8	317.4	466.2	720.3	16	44	104
	黄石	40.4	27	-11.0	14.4	17.5	360.4	513.2	570.6	19	51	96
	荆州	38.7	14	-14.9	13.0	17.0	174.3	230.2	281.8	14	43	82
	宜昌	41.4	18	-9.8	11.8	16.3	229.1	229.1	326.6	16	42	101
	襄樊	41.1	14	-14.8	12.5	16.4	293.9	335.7	353.5	14	57	138
	鄂州	40.7	23	-12.4	16.2	18.5	286.2	437.3	575.9	17	51	105

省（区、市）	市（区、县）	高温(℃)	连续高温日数(d)	低温(℃)	日降温(℃)	连续降温(℃)	日降水量(mm)	3日降水量(mm)	连续降水量(mm)	连续降水日数(d)	连续无降水日数(d)	连续干旱日数(d)
湖北	荆门	40.0	18	-14.0	13.2	17.3	236.2	264.9	280.8	17	59	95
	孝感	39.4	12	-14.9	13.5	21.1	229.1	377.4	630.3	15	44	96
	黄冈	40.3	26	-12.2	16.0	18.3	293.2	505.7	727.1	16	52	113
	咸宁	41.7	34	-15.4	16.1	20.7	206.6	334.9	589.2	19	41	76
	随州	41.1	27	-16.3	14.4	20.5	228.3	255.5	287.7	18	49	99
	恩施	41.2	18	-12.3	9.7	16.3	227.5	309.2	452.9	28	30	89
湖南	长沙	41.1	31	-11.7	15.3	18.3	281.3	298.9	433.3	23	41	98
	株洲	40.5	30	-11.5	16.7	19.4	195.7	251.0	343.1	22	51	82
	湘潭	41.8	25	-12.1	15.1	19.2	209.8	290.4	368.9	22	38	88
	衡阳	41.3	34	-7.9	16.9	22.7	217.4	279.2	474.1	22	48	79
	邵阳	40.2	19	-10.5	14.3	20.5	214.6	234.2	317.4	19	38	122
	岳阳	39.3	14	-11.8	18.5	21.9	246.1	426.8	493.8	18	42	126
	张家界	41.2	18	-13.7	12.8	19.1	455.5	619.7	623.1	19	39	69
	郴州	41.3	24	-9.0	18.5	24.0	294.6	408.1	432.5	24	33	119
	永州	43.7	27	-7.0	18.2	24.0	194.8	270.0	472.2	31	39	111
	娄底	41.0	24	-12.1	13.5	18.5	147.5	234.4	382.4	18	38	139
	吉首	40.2	16	-7.5	11.1	16.5	231.0	302.9	406.8	21	38	95
广东	广州	39.1	13	0.0	13.8	19.8	284.9	329.0	884.0	33	67	130
	深圳	38.7	5	0.2	13.0	19.0	344.0	486.1	680.4	21	67	149
	汕头	38.8	7	0.3	11.0	17.6	297.4	440.9	546.2	23	73	152
	湛江	38.1	10	2.8	13.1	17.3	351.5	597.6	650.4	24	69	270
	汕尾	38.5	2	1.6	10.6	18.0	475.7	510.3	650.2	21	68	145
	河源	39.3	19	-3.8	15.0	19.7	399.9	651.7	1115.0	28	92	150
	阳江	38.3	4	-1.4	12.3	19.6	605.3	974.3	1471.7	22	245	132
	清远	39.0	15	-0.6	15.1	19.9	640.6	790.8	830.0	30	60	94
	中山	39.1	10	-1.3	12.5	19.4	325.8	598.9	686.3	25	181	142
	潮州	39.6	18	-0.5	11.2	17.2	240.5	369.1	685.1	22	81	133

（续表）

省（区、市）	市（区、县）	高温（℃）	连续高温日数（d）	低温（℃）	日降温（℃）	连续降温（℃）	日降水量（mm）	3日降水量（mm）	连续降水量（mm）	连续降水日数（d）	连续无降水日数（d）	连续干旱日数（d）
广东	揭阳	39.7	18	-2.7	10.9	18.6	254.2	434.0	573.9	23	181	170
广西	南宁	40.4	14	-2.1	12.9	19.6	229.9	326.0	450.4	24	49	101
	柳州	39.2	17	-3.8	20.1	22.5	233.6	325.5	579.9	20	42	97
	桂林	39.5	16	-4.9	19.6	22.7	255.9	470.0	699.3	35	44	80
	梧州	39.7	18	-3.0	15.4	22.4	334.5	368.6	410.8	27	69	77
	北海	37.1	4	2.0	14.5	18.8	509.2	649.5	754.3	22	63	166
	钦州	37.9	8	-1.8	13.7	20.0	324.4	573.3	880.4	24	47	109
	贵港	39.7	14	-3.4	15.9	20.6	205.5	256.8	446.2	27	46	95
	玉林	38.4	13	-2.1	14.6	20.5	373.5	490.2	675.0	21	78	116
	百色	42.5	31	-2.0	12.4	15.5	176.7	275.5	308.6	22	46	116
	来宾	39.6	14	-3.3	19.6	21.9	443.7	446.7	449.1	24	57	91
	崇左	41.2	20	-1.9	11.9	18.1	215.5	259.1	326.7	17	48	119
海南	海口	39.6	21	2.8	13.5	16.2	334.0	552.3	828.3	19	50	114
	三亚	35.9	4	5.1	10.0	15.8	327.5	545.8	607.1	18	98	141
四川	成都	36.3	6	-5.1	10.5	16.7	356.6	445.3	511.0	17	42	79
	自贡	41.1	25	-2.8	12.1	15.2	301.1	315.6	319.1	19	49	147
	绵阳	38.8	10	-7.3	11.6	13.4	306.0	425.1	534.0	14	63	105
	乐山	39.7	15	-4.3	10.0	14.0	326.8	381.7	367.6	19	39	131
	南充	41.9	27	-3.4	12.6	14.2	173.0	223.9	363.4	26	36	120
	宜宾	40.7	15	-3.0	11.6	13.6	221.9	256.8	257.9	18	37	125
	雅安	37.9	7	-3.9	9.8	15.0	339.7	398.5	657.4	26	25	106
	巴中	40.6	27	-5.3	10.9	13.9	263.8	398.5	398.8	17	46	74
	资阳	40.0	19	-4.0	12.1	16.3	266.3	289.6	303.4	16	38	92
	马尔康	34.7	0	-17.5	11.0	15.9	53.5	87.2	234.4	29	72	144
	甘孜	31.7	0	-28.7	15.2	25.6	40.9	71.7	256.0	32	67	86
	西昌	36.6	5	-3.8	14.1	16.4	135.7	182.4	307.1	27	97	160
贵州	贵阳	37.5	4	-7.8	15.8	19.4	197.3	235.7	467.5	15	22	84

省（区、市）	市（区、县）	高温（℃）	连续高温日数（d）	低温（℃）	日降温（℃）	连续降温（℃）	日降水量（mm）	3日降水量（mm）	连续降水量（mm）	连续降水日数（d）	连续无降水日数（d）	连续干旱日数（d）
贵州	安顺	34.3	0	-7.6	17.4	19.9	193.1	301.7	624.8	28	28	97
	铜仁	42.5	26	-9.2	12.8	17.4	251.0	374.3	374.3	25	42	83
	毕节	36.2	1	-10.9	15.1	17.2	146.1	151.5	218.3	24	26	74
	兴义	37.5	2	-4.9	13.7	17.5	244.6	397.1	557.6	26	38	206
	凯里	37.8	5	-9.7	21.0	24.1	256.5	310.4	388.0	19	37	72
	都匀	36.3	3	-6.9	18.4	21.5	307.4	374.0	388.1	26	34	77
云南	昆明	31.5	0	-7.8	12.0	14.6	165.4	168.9	321.1	25	71	146
	玉溪	34.4	0	-5.5	11.2	12.7	98.0	190.7	473.2	28	68	143
	保山	32.4	0	-3.8	12.3	13.5	117.0	174.9	304.9	34	81	185
	丽江	32.3	0	-10.3	10.4	13.5	112.8	150.6	446.3	33	102	199
	曲靖	33.2	0	-9.2	11.6	15.3	176.9	255.9	306.5	25	49	162
	临沧	34.6	0	-1.3	8.8	10.7	97.4	182.5	412.4	41	97	118
	普洱	35.7	1	-2.8	9.0	12.3	149.0	242.1	648.0	42	97	135
	蒙自	36.0	2	-4.4	10.4	15.8	122.7	160.4	269.0	25	84	220
	景洪	41.1	21	1.9	8.3	10.6	151.8	213.8	313.3	31	95	124
	楚雄	33.6	0	-4.8	13.4	14.5	174.0	177.0	309.5	22	76	164
	大理	34.0	0	-4.2	11.1	13.8	136.8	211.5	301.8	22	84	130
	潞西	36.2	5	-0.6	9.9	12.7	158.3	184.0	892.2	74	86	75
西藏	拉萨	30.4	0	-16.5	12.2	15.0	41.6	72.1	170.1	24	291	211
	那曲	24.2	0	-41.2	18.4	23.5	43.1	65.9	138.7	22	118	92
	昌都	33.4	0	-20.7	13.3	15.6	55.3	88.2	280.6	35	88	137
	山南	30.3	0	-18.2	14.3	14.3	42.9	77.5	165.7	21	199	117
	日喀则	29.0	0	-25.1	18.4	20.7	45.1	83.7	348.0	31	228	97
陕西	西安	42.9	17	-20.6	13.5	22.6	110.7	135.9	218.6	17	101	127
	铜川	37.7	5	-21.8	12.2	21.3	132.8	170.2	282.4	14	101	137
	宝鸡	41.7	8	-16.7	12.3	17.2	169.7	191.7	360.5	19	68	137
	咸阳	42.0	17	-19.7	12.6	21.1	158.5	171.8	183.1	17	101	130

（续表）

省（区、市）	市（区、县）	高温（℃）	连续高温日数（d）	低温（℃）	日降温（℃）	连续降温（℃）	日降水量（mm）	3日降水量（mm）	连续降水量（mm）	连续降水日数（d）	连续无降水日数（d）	连续干旱日数（d）
陕西	渭南	42.8	17	-16.7	12.2	16.2	102.8	154.2	232.8	17	83	137
	延安	39.7	8	-25.4	14.1	22.4	139.9	161.6	274.9	17	143	128
	榆林	39.0	7	-32.7	16.4	28.3	141.7	186.1	143.0	11	143	196
	安康	41.7	16	-9.7	12.8	15.9	161.9	225.0	274.7	15	60	84
甘肃	兰州	39.8	9	-21.7	13.3	17.9	96.8	119.5	119.5	8	164	116
	金昌	35.3	1	-28.3	13.2	22.3	65.4	85.9	93.5	14	100	222
	白银	39.1	8	-26.0	13.2	18.6	82.2	94.1	94.1	13	123	151
	天水	38.2	5	-19.2	14.0	21.0	88.1	162.4	162.4	16	69	84
	酒泉	38.4	8	-31.6	15.2	21.8	44.2	47.0	47.2	9	158	182
	武威	40.8	6	-32.0	15.1	20.0	62.7	87.8	88.5	9	101	148
	张掖	39.8	7	-28.7	13.7	19.7	46.7	47.4	52.2	10	94	198
	平凉	36.0	2	-24.3	12.9	20.5	166.9	200.8	216.9	17	83	158
	庆阳	36.4	2	-22.6	14.7	20.5	115.9	169.8	212.7	18	137	151
	定西	35.1	1	-29.7	12.9	25.4	67.2	97.4	109.1	14	92	164
	临夏	36.4	3	-27.0	12.0	21.6	82.1	106.3	118.8	13	94	139
	合作	30.4	0	-28.5	13.5	20.7	83.7	86.7	122.9	16	71	78
青海	西宁	36.5	3	-26.6	11.3	17.9	62.2	80.2	80.2	11	115	143
	同仁	35.0	2	-23.0	11.6	16.1	67.0	80.0	123.4	20	102	164
	共和	33.7	0	-28.9	14.7	20.8	48.2	67.6	91.9	16	112	133
	玛沁	26.6	0	-34.9	18.0	22.7	41.6	68.7	178.4	22	106	63
	玉树	29.6	0	-27.6	15.7	21.5	38.8	70.8	124.4	24	83	115
	德令哈	34.7	0	-37.2	14.8	24.8	84.0	98.3	98.3	10	184	166
宁夏	银川	39.3	4	-30.6	18.8	23.1	87.1	112.5	112.5	7	190	120
	中卫	37.6	3	-29.2	15.2	23.3	68.3	84.8	91.1	7	185	167
新疆	乌鲁木齐	42.1	10	-41.5	19.2	28.6	57.7	87.3	91.6	11	39	143
	克拉玛依	44.0	15	-35.9	15.1	24.4	40.5	44.0	44.0	11	87	249
	吐鲁番	47.8	101	-28.0	10.8	18.5	36.0	36.5	36.5	10	299	160

省（区、市）	市（区、县）	高温（℃）	连续高温日数（d）	低温（℃）	日降温（℃）	连续降温（℃）	日降水量（mm）	3日降水量（mm）	连续降水量（mm）	连续降水日数（d）	连续无降水日数（d）	连续干旱日数（d）
新疆	哈密	43.9	18	-32.0	15.6	23.8	25.5	31.3	31.3	6	193	166
	和田	41.1	9	-21.6	12.1	18.3	26.6	34.7	40.0	10	252	209
	阿克苏	40.7	8	-27.6	16.5	16.7	48.6	81.7	81.7	10	169	212
	塔城	41.6	9	-39.2	24.6	30.7	56.9	80.4	83.1	10	42	176
	阿勒泰	37.6	5	-43.5	24.8	32.7	41.2	62.1	52.9	9	58	226
	库尔勒	40.0	14	-28.1	15.4	19.4	27.6	36.1	36.2	6	268	198
	博乐	39.5	9	-36.2	14.0	27.3	48.6	65.1	65.1	10	53	135

表 3　全国主要城市极端事件 100 年一遇阈值

省（区、市）	市（区、县）	高温 (°C)	连续高温日数 (d)	低温 (°C)	日降温 (°C)	连续降温 (°C)	日降水量 (mm)	3 日降水量 (mm)	连续降水量 (mm)	连续降水日数 (d)	连续无降水日数 (d)	连续干旱日数 (d)
北京	北京	42.0	9.8	-22.8	12.5	20.0	233.4	332.3	542.0	15.3	129.4	153.7
天津	天津	40.6	7.5	-19.8	12.7	18.8	170.8	238.6	264.6	8.8	122.0	137.8
上海	徐家汇	40.8		-10.0	12.6	20.0	254.1	330.1	446.3	19.3	62.5	104.3
重庆	沙坪坝	43.7	32.8	-2.1	12.2	15.6	289.3	331.1	364.8	20.8	30.6	89.0
河北	石家庄	43.3	14.5	-21.8	14.3	21.1	295.5	481.5	666.2	14.1	109.3	157.9
河北	唐山	41.1	7.1	-23.5	12.5	22.7	177.9	252.1	249.7	10.4	113.5	106.7
河北	秦皇岛	40.0		-23.9	12.2	20.3	228.7	304.9	304.5		121.2	109.2
河北	邯郸	43.5	10.9	-19.5	14.5	19.3	198.0	296.3	406.8	11.1	126.4	132.5
河北	邢台	43.0		-25.1	14.9	22.8	249.6	418.1	531.0	11.9	109.2	162.5
河北	保定	43.1	11.4	-21.7	13.4	19.7	201.6	304.0	388.6		123.8	128.6
河北	张家口	40.5		-25.8	14.7	20.2	102.0	144.4	170.2	9.5	110.9	125.0
河北	承德	42.7	8.3	-25.1	14.3	19.7	140.5	223.5	271.8	12.8	106.6	108.9
河北	沧州	43.2		-21.4	13.8	19.6	230.0	238.1	226.1	9.4	104.8	238.4
河北	廊坊	41.1	8.9	-23.6	13.2	18.7	213.6	330.3	371.8		122.4	121.4
内蒙古	呼和浩特	38.9		-32.6	16.8	27.6	190.4	238.5	244.9	8.9	141.1	192.9
内蒙古	包头	40.3		-31.8	15.7	26.0	107.6	121.2	131.8	7.8	125.9	151.5
内蒙古	通辽	39.6		-32.7	14.8	22.8	152.8	187.3	213.9		129.2	136.5
内蒙古	鄂尔多斯	37.0		-30.4	18.7	22.6	166.4	193.9	202.0	9.2	118.8	146.4
内蒙古	乌兰察布	35.7		-33.9	17.0	27.0	72.1	99.2	127.4	13.4	101.3	146.9
内蒙古	锡林浩特	39.5		-42.7	18.8	30.1	104.2	153.2	160.2	11.9	67.1	110.9
辽宁	沈阳	37.4		-33.1	19.0	26.0	187.5	222.4	257.5	9.9	62.1	89.4
辽宁	大连	36.4		-19.7	17.5	23.4	252.0	290.9	315.8		69.4	123.9
辽宁	鞍山	38.0		-31.6	19.0	28.1	240.4	270.3	299.5	11.8	69.3	95.4
辽宁	抚顺	38.3		-37.4	18.5	29.1	156.9	233.6	320.5	15.0	59.8	101.2
辽宁	本溪	37.8		-34.7	18.0	29.3	232.7	330.0	340.4	14.2	53.4	83.1

注：空白处表示统计结果未通过信度检验。

省（区、市）	市（区、县）	高温(℃)	连续高温日数(d)	低温(℃)	日降温(℃)	连续降温(℃)	日降水量(mm)	3日降水量(mm)	连续降水量(mm)	连续降水日数(d)	连续无降水日数(d)	连续干旱日数(d)
辽宁	丹东	35.4		-28.5	14.9	22.6	341.0	395.0	480.6	15.2	67.3	86.6
	锦州	42.4		-24.7	16.1	25.4	183.4	242.0	231.7	9.6	116.4	100.4
	营口	35.7		-28.0	15.9	23.4	269.0	328.2	325.7	10.2	91.7	109.4
	阜新	40.7		-29.4	15.0	26.9	159.2	203.2	225.1	11.8	100.9	127.8
	辽阳	37.5		-36.3	21.4	29.4	188.3	285.8	362.7	10.1	82.5	89.3
	铁岭	38.2		-36.0	20.3	33.4	218.6	298.1	393.8	10.1	65.7	125.3
	朝阳	43.3	7.9	-32.6	17.6	28.8	203.0	261.8	283.5	9.5	163.6	124.7
	葫芦岛	41.4		-26.6	14.5	24.3	202.9	274.8	271.5		343.5	266.9
吉林	长春	38.2		-35.2	19.3	26.9	152.0	191.4	316.7	15.4	51.1	85.9
	吉林	38.0		-40.2	21.7	31.1	122.3	158.4	227.6	18.5	48.6	91.6
	四平	37.9		-34.7	19.4	27.3	168.7	215.2	265.8	11.5	72.4	107.1
	辽源	37.7		-40.8	20.2	30.4	118.2	190.1	270.3	12.9	52.2	135.0
	通化	36.3		-37.1	21.2	33.4	169.1	257.8	324.9	16.6	34.4	51.8
	白山	34.8		-40.6	22.5	29.0	141.2	207.5	321.3	17.4	23.3	69.9
	松原	38.5		-37.9	16.0	26.4	123.9	144.4	173.2	11.3	88.2	131.3
	白城	40.6		-40.3	14.5	22.8	119.2	162.4	181.8		97.9	198.5
	延吉	38.2		-33.7	17.6	25.0	106.3	171.3	206.7	16.8	56.5	134.9
黑龙江	哈尔滨	38.6		-38.4	16.8	26.2	147.5	197.0	197.5	10.7	69.4	101.6
	齐齐哈尔	40.9		-38.3	14.4	22.0	126.6	176.0	248.4	13.1	80.1	78.6
	鹤岗	38.9		-34.3	16.0	23.2	120.9	176.8	228.8	22.0	64.2	156.7
	双鸭山	38.5		-36.3	18.9	25.0	112.0	164.6	223.2	20.1		117.7
	鸡西	38.0		-34.5	16.3	23.2	142.1	180.3	210.4	14.2	60.0	128.2
	伊春	37.7		-42.9	20.2	29.8	141.1	181.5	268.4	18.6	31.8	76.5
	牡丹江	38.4		-38.1	17.2	27.6	142.4	181.4	197.3	16.5	60.1	116.3
	佳木斯	38.2		-41.3	18.6	25.1	101.6	143.8	165.1	15.7	60.2	109.6
	黑河	38.9		-42.4	15.9	26.2	110.1	159.2	174.1	13.4	58.6	109.2
	绥化	39.3		-41.2	16.8	30.4	111.2	172.1	184.6	18.2	53.7	117.3

（续表）

省（区、市）	市（区、县）	高温（℃）	连续高温日数（d）	低温（℃）	日降温（℃）	连续降温（℃）	日降水量（mm）	3日降水量（mm）	连续降水量（mm）	连续降水日数（d）	连续无降水日数（d）	连续干旱日数（d）
江苏	南京	41.2	24.4	-14.2	14.8	22.4	216.5	321.3	404.4	14.7	49.0	99.0
	无锡	40.2	24.3	-12.4	13.3	20.5	195.5	308.3	428.3	17.3	60.8	86.3
	徐州	41.3	17.4	-19.7	12.3	20.5	275.2	391.0	447.0	15.5	84.2	125.3
	常州	39.2	19.9	-13.6	13.7	21.5	232.0	297.5	392.0	17.0	65.2	106.8
	苏州	40.1	16.7	-9.7	13.2	18.8	284.0	312.4	418.5	19.8	43.1	90.3
	南通	39.8	13.5	-10.7	12.3	20.7	244.6	309.2	373.7	17.4	62.0	103.2
	连云港	40.8	13.4	-16.4	11.7	21.8	229.8	299.5	350.7	12.2	87.3	121.2
	淮安	40.6	13.0	-19.3	14.6	21.7	223.3	281.6	418.4	13.2	72.7	151.4
	盐城	39.1	14.5	-13.9	13.9	20.8	181.6	257.1	399.5	13.4	72.2	135.1
	扬州	40.3	19.1	-14.2	13.8	20.3	252.7	315.5	387.5	15.9	64.4	151.1
	宿迁	40.8	15.5	-20.1	13.6	21.4	286.4	391.5	486.3	16.3	73.8	100.9
浙江	杭州	40.3	29.8	-9.3	12.7	17.8	187.5	339.4	486.0	22.0	39.8	124.8
	温州	40.7	14.2	-4.4	13.4	17.8	354.5	471.5	706.4	23.3	53.0	95.9
	嘉兴	40.4	16.9	-11.4	13.0	18.5	283.8	361.5	404.4	18.5	180.5	144.1
	湖州	39.4	22.7	-11.5	13.7	18.2	204.2	295.3	387.6	17.4	56.8	126.1
	绍兴	40.2	28.9	-10.8	13.1	19.0	196.4	296.1	394.8	22.5	40.8	93.1
	金华	41.2	48.1	-10.6	14.1	18.5	148.0	233.1	411.2	22.3	49.9	100.7
	衢州	40.8	32.9	-10.8	13.9	17.8	201.9	356.9	603.6	22.4	49.5	109.7
	台州	40.3	11.0	-7.7	16.3	19.2	361.4	495.5	540.0	23.1	44.0	99.1
	丽水	42.3	44.2	-8.8	13.0	19.1	152.1	239.1	465.1	24.6	42.7	98.8
安徽	合肥	40.9	21.8	-18.7	14.2	20.4	179.2	266.5	340.6	15.2	57.6	121.5
	芜湖	40.5	25.9	-12.6	13.2	19.5	305.0	471.1	588.9	18.7	42.8	119.7
	蚌埠	41.7	22.2	-18.6	13.9	20.7	187.4	256.4	349.3	12.3	64.0	139.0
	淮南	41.2	23.3	-17.2	16.0	21.1	208.2	366.6	436.8	13.4	59.0	159.3
	马鞍山	41.0	24.7	-14.9	14.1	22.3	239.3	383.7	591.7	16.1	59.1	137.1
	安庆	40.7	22.2	-11.2	13.6	20.3	315.3	489.2	733.4	17.1	48.8	116.1
	滁州	41.5	22.6	-18.8	15.5	19.8	326.2	415.8	597.5	15.3	56.9	137.5

省（区、市）	市（区、县）	高温（℃）	连续高温日数（d）	低温（℃）	日降温（℃）	连续降温（℃）	日降水量（mm）	3日降水量（mm）	连续降水量（mm）	连续降水日数（d）	连续无降水日数（d）	连续干旱日数（d）
安徽	阜阳	41.4	20.2	-19.6	13.0	21.9	282.9	376.5	474.0	12.3	69.5	108.8
	宿州	41.8	18.5	-24.3	13.5	23.8	269.2	392.0	503.4	11.7	68.4	122.1
	巢湖	40.2	24.2	-14.2	14.4	19.9	267.6	351.7	452.0	15.6	59.2	145.4
	六安	41.5	25.5	-20.5	15.0	23.6	201.1	291.4	358.1	19.1	59.1	128.2
	亳州	42.3	15.9	-20.3	13.5	21.4	286.2	340.7	478.9	12.3	80.8	124.1
	池州	40.9	29.6	-13.9	12.2	21.5	288.1	379.8	651.7	19.8	44.8	99.3
	宣城	41.3	30.7	-14.1	13.6	20.7	256.5	392.3	572.3	19.0	68.0	92.3
福建	福州	40.9	33.2	-1.6	11.6	16.4	230.8	333.7	385.9	23.0	50.9	110.9
	厦门	39.3		1.1	11.0	14.0	301.5	473.4	537.5	25.1	92.7	142.2
	莆田	38.5	7.4	-2.1	11.7	17.2	317.6	468.4	564.0	25.0	75.7	149.5
	三明	41.0	37.0	-6.6	13.9	19.0	172.7	289.5	587.0	26.1	43.0	96.6
	漳州	39.4	17.6	-1.7	9.2	16.1	266.7	445.3	522.0	26.1	78.4	116.4
	南平	41.2	37.5	-6.5	13.2	17.8	210.4	348.5	728.7	28.6	51.4	133.5
江西	南昌	40.3	26.5	-10.7	15.5	18.8	293.9	410.7	681.5	20.8	52.2	115.4
	景德镇	41.4	39.2	-12.0	14.3	20.0	252.9	363.9	650.0	20.2	53.2	109.7
	萍乡	40.5	35.0	-10.1	13.6	18.4	222.0	273.0	518.3	22.6	45.1	108.5
	九江	40.9	25.5	-11.0	15.0	18.9	253.3	380.7	512.5	18.1	54.0	119.7
	新余	40.6	37.2	-7.8	16.6	20.2	164.9	249.2	543.0	23.5	46.3	138.3
	吉安	40.9	41.0	-8.4	15.8	20.4	220.4	281.7	507.1	25.9	51.7	160.4
	宜春	40.5	35.4	-9.3	14.2	18.6	247.7	305.2	525.8	29.6	46.0	103.3
山东	济南	43.1	11.1	-18.1	18.8	23.3	263.3	301.3	309.7	12.1	77.2	142.1
	青岛	38.4		-13.0	14.6	23.2	256.9	386.6	405.2	14.3	87.2	116.2
	淄博	42.6		-23.5	17.1	23.9	153.7	169.8	210.0	12.7	65.9	137.5
	枣庄	40.7	12.8	-19.0	11.8	22.4	251.6	274.4	393.0	13.8	94.0	114.0
	潍坊	41.9	10.4	-19.1	13.6	21.2	183.0	267.2	327.2	15.5	82.6	152.0
	济宁	41.8	10.4	-18.4	14.2	21.8	259.9	264.7	289.1	12.8	119.9	157.0
	泰安	42.2		-22.2	14.3	22.4	187.3	247.1	318.3	15.4	95.8	159.7

（续表）

省（区、市）	市（区、县）	高温（℃）	连续高温日数（d）	低温（℃）	日降温（℃）	连续降温（℃）	日降水量（mm）	3日降水量（mm）	连续降水量（mm）	连续降水日数（d）	连续无降水日数（d）	连续干旱日数（d）
山东	日照	39.3		-14.2	14.3	23.6	234.1	332.6	404.0	13.4	97.8	134.2
	莱芜	40.8	6.8	-20.3	16.2	21.7	246.6	324.2	347.1	12.0	78.5	180.1
	临沂	40.8	8.3	-16.7	12.7	22.4	271.3	324.8	530.5	18.9	84.7	119.0
	德州	43.4	12.9	-26.2	17.1	23.3	193.3	269.1	262.3	12.2	98.2	171.9
	滨州	42.0	10.9	-21.6	14.2	21.0	193.0	241.8	309.9	13.2	104.8	130.9
	菏泽	43.3	9.8	-20.2	13.7	20.6	218.3	254.4	383.3	15.4	142.1	127.6
河南	郑州	43.4		-20.0	14.4	19.9	170.6	228.4	254.0	12.5	111.6	155.0
	开封	43.4	14.5	-15.2	14.3	20.9	232.5	309.1	358.8		107.0	120.4
	洛阳	43.0	9.8	-15.4	13.2	17.7	168.0	200.7	240.1	11.2	109.4	134.5
	平顶山	43.7	16.0	-18.3	14.4	22.9	264.3	345.3	356.0	11.6	85.7	92.4
	安阳	42.7	8.8	-19.8	12.5	20.3	274.1	345.2	521.4	12.5	117.1	106.3
	新乡	43.4	12.3	-19.9	13.4	18.5	202.8	339.8	444.8	12.2	125.2	145.5
	焦作	45.5	12.5	-20.0	12.7	19.7	197.9	233.3	290.9	11.4	115.9	131.2
	濮阳	43.1	10.0	-20.8	14.3	20.2	275.4	320.2	364.1	11.3	130.9	112.4
	许昌	42.1	13.7	-18.3	15.4	20.5	190.1	250.6	348.2	13.2	96.3	111.7
	漯河	42.9	14.2	-17.0	14.4	22.2	294.1	449.8	462.7		75.2	118.7
	三门峡	42.2	13.9	-15.2	14.9	18.1	140.9	208.3	288.3	13.0	98.6	129.6
	南阳	41.3	13.5	-21.4	14.1	18.9	238.6	343.3	468.7	14.3	70.2	139.3
	商丘	42.4	14.2	-19.2	12.5	20.2	201.9	276.1	385.8	12.6	82.4	140.6
	信阳	41.3	17.5	-22.2	15.3	21.9	239.6	320.1	454.0	14.9	51.9	159.0
	驻马店	42.2	18.1	-20.2	14.1	23.8	321.2	460.7	488.0	18.2	68.7	118.0
湖北	汉口	39.7	25.9	-18.9	15.0	21.0	365.2	459.0	642.6	15.9	50.2	128.8
	黄石	41.0	26.8	-12.6	13.9	19.4	330.1	434.2	700.0	20.1	52.9	127.6
	荆州	38.8	13.5	-17.6	12.9	17.3	193.3	250.4	350.1	15.9	48.7	101.1
	宜昌	41.3	19.2	-9.4	12.8	15.4	240.6	240.3	333.9	17.5	46.3	133.9
	襄樊	41.5	14.3	-14.8	13.1	17.3	227.0	273.2	332.3	14.7	55.6	131.3
	鄂州	41.0	24.9	-11.9	15.4	19.5	315.1	454.6	688.7	18.2	56.9	119.2

省（区、市）	市（区、县）	高温（℃）	连续高温日数（d）	低温（℃）	日降温（℃）	连续降温（℃）	日降水量（mm）	3日降水量（mm）	连续降水量（mm）	连续降水日数（d）	连续无降水日数（d）	连续干旱日数（d）
湖北	荆门	40.1	14.5	-13.4	14.4	17.0	248.9	290.7	330.0	17.8	60.5	109.9
	孝感	38.7	12.0	-16.4	14.8	19.9	245.6	373.5	497.7	14.6	48.8	124.1
	黄冈	40.5	25.7	-12.4	15.0	18.9	304.1	444.8	703.7	16.0	56.3	144.2
	咸宁	41.8	33.0	-15.0	15.1	23.2	223.7	380.9	698.8	18.9	46.5	86.9
	随州	41.3	18.9	-17.0	15.1	19.7	277.3	286.6	352.1	19.5	55.9	127.4
	恩施	40.6	16.3	-8.5	10.6	16.2	232.0	328.3	507.8	24.6	29.5	101.9
湖南	长沙	41.2	27.6	-13.3	16.5	19.1	262.9	307.2	394.9	22.5	45.1	146.1
	株洲	40.5	33.1	-11.3	18.0	21.9	199.7	228.6	380.9	21.6	48.9	108.1
	湘潭	41.1	23.9	-12.0	16.4	20.3	210.6	252.5	376.6	21.4	42.8	118.6
	衡阳	41.2	41.0	-8.3	16.3	20.5	205.7	254.1	378.1	22.9	46.7	99.2
	邵阳	39.8	21.9	-9.9	14.0	17.8	186.2	231.7	332.7	19.2	38.3	149.9
	岳阳	40.0	13.9	-14.2	16.3	22.4	277.5	442.4	569.9	18.8	44.4	162.5
	张家界	42.0	19.2	-9.9	14.1	17.9	329.6	461.7	637.3	20.4	39.2	81.6
	郴州	41.0	29.1	-9.3	18.8	24.4	284.7	432.3	478.0	26.6	37.1	100.9
	永州	42.5	34.1	-7.6	20.1	23.5	163.1	243.7	422.3	25.7	38.2	127.1
	娄底	40.7	26.4	-10.7	13.6	18.4	157.2	248.8	388.5	19.1	41.9	156.6
	吉首	40.4	20.8	-7.2	11.7	16.1	270.3	350.8	406.8	20.5	39.1	103.6
广东	广州	39.1	13.8	-0.4	14.4	20.0	322.0	379.1	681.5	30.4	55.3	198.3
	深圳	38.1	5.9	0.6	13.2	18.8	378.9	562.6	748.2	22.1	67.7	190.7
	汕头	39.8	9.1	-0.1	11.8	17.5	315.7	530.3	625.6	19.7	71.7	158.4
	湛江	38.9	8.6	2.8	13.4	19.6	319.2	541.8	755.8	24.6	72.7	180.9
	汕尾	38.4		1.0	11.7	17.4	446.2	596.8	687.5	20.7	76.7	179.2
	河源	39.4	16.8	-3.4	16.2	20.4	367.5	680.6	1182.8	29.3	79.6	184.5
	阳江	37.7		-0.1	13.1	19.2	614.4	946.3	1343.4	23.0	131.3	162.7
	清远	39.5	16.2	-0.3	15.3	21.0	489.4	606.3	885.1	23.0	60.0	96.0
	中山	38.5	11.7	-0.6	13.8	19.2	397.3	582.8	629.8	25.1	116.9	190.2
	潮州	40.0	17.8	-0.3	12.2	18.6	265.2	417.0	636.7	25.2	80.2	161.9

（续表）

省（区、市）	市（区、县）	高温（℃）	连续高温日数（d）	低温（℃）	日降温（℃）	连续降温（℃）	日降水量（mm）	3日降水量（mm）	连续降水量（mm）	连续降水日数（d）	连续无降水日数（d）	连续干旱日数（d）
广东	揭阳	40.7	15.9	-1.6	11.8	17.8	309.7	515.7	619.2	23.6	110.3	164.1
广西	南宁	39.9	14.0	-2.6	12.5	19.5	235.2	368.8	503.7	22.6	56.1	107.2
	柳州	39.7	19.2	-2.1	17.5	22.8	213.3	327.6	534.5	20.9	46.0	122.2
	桂林	39.9	14.8	-4.7	16.6	21.3	294.9	538.8	715.8	27.5	51.3	96.8
	梧州	40.3	20.5	-2.5	15.8	22.6	267.7	344.4	430.5	23.9	59.5	97.2
	北海	37.5		1.2	16.0	20.0	518.7	707.7	854.7	21.3	63.8	161.9
	钦州	38.1	8.7	0.2	13.7	20.4	353.9	557.9	953.9	24.7	45.8	115.5
	贵港	40.1	15.9	-2.4	15.8	21.2	223.4	275.4	460.1	23.2	54.2	125.8
	玉林	39.0	13.5	-0.5	14.7	21.0	261.2	418.2	588.4	20.9	82.6	124.3
	百色	41.7	22.6	-1.4	10.8	15.1	191.5	264.5	333.8	21.4	51.9	129.2
	来宾	40.1	15.8	-2.8	17.0	22.0	372.3	416.9	500.0	19.2	51.9	108.6
	崇左	41.4	21.0	-2.7	11.6	17.2	248.9	280.3	328.3	19.0	59.4	109.1
海南	海口	39.3	21.7	3.2	13.2	16.5	390.1	647.2	1054.2	18.9	55.7	148.5
	三亚	35.9		3.1	10.6	15.5	348.6	564.1	643.6	21.0	100.2	149.9
四川	成都	36.5		-4.9	10.6	15.6	307.1	418.1	506.3	17.5	49.0	103.0
	自贡	40.8	22.3	-2.9	12.6	14.1	274.9	280.7	335.5	18.0	43.5	136.3
	绵阳	38.8	11.7	-6.5	10.5	14.1	305.3	418.7	480.5	14.1	67.0	103.2
	乐山	39.5	13.1	-4.2	11.2	13.3	340.7	412.6	412.8	18.9	37.6	120.4
	南充	41.6	27.3	-3.2	12.5	14.8	194.7	248.4	360.4	20.8	40.9	129.2
	宜宾	41.2	15.5	-2.1	11.4	13.9	241.6	283.4	306.8	20.6	31.8	151.4
	雅安	37.8		-4.5	11.0	14.0	295.4	451.6	718.7	22.5	28.4	97.3
	巴中	40.9	21.8	-5.3	11.4	14.6	279.0	400.1	419.9	19.4	42.4	77.0
	资阳	39.9	20.2	-4.0	12.2	14.8	224.8	307.0	361.2	17.3	36.6	113.0
	马尔康	35.2		-18.1	10.9	15.4	55.7	83.3	265.3	30.2	68.2	122.7
	甘孜	30.9		-28.5	15.4	26.4	40.8	68.4	225.4	36.6	66.5	105.6
	西昌	37.4		-4.1	14.2	16.6	158.9	200.5	300.4	25.3	104.4	159.7
贵州	贵阳	37.3		-7.9	17.1	19.4	169.6	239.0	347.2	15.5	24.5	112.0

省（区、市）	市（区、县）	高温（℃）	连续高温日数（d）	低温（℃）	日降温（℃）	连续降温（℃）	日降水量（mm）	3 日降水量（mm）	连续降水量（mm）	连续降水日数（d）	连续无降水日数（d）	连续干旱日数（d）
贵州	安顺	34.6		-7.0	16.6	20.4	209.6	301.2	460.0	25.3	29.1	83.1
	铜仁	41.9	28.5	-7.3	13.2	17.6	216.3	299.8	369.4	23.8	38.2	100.6
	毕节	35.4		-9.0	14.8	17.2	150.3	158.2	225.2	26.9	26.9	87.4
	兴义	36.7		-5.4	14.3	17.8	228.0	295.5	546.3	27.9	36.2	177.1
	凯里	38.1		-8.3	20.4	22.6	289.7	316.3	371.6	20.4	34.4	93.0
	都匀	36.6		-7.9	19.6	21.2	255.7	302.3	457.3	25.8	30.5	96.3
云南	昆明	31.8		-7.5	11.8	13.7	147.0	180.5	320.7	24.2	79.3	153.8
	玉溪	34.6		-5.5	10.4	12.8	109.5	168.0	369.9	25.9	69.9	142.8
	保山	32.7		-4.0	10.8	14.1	115.1	167.9	302.3	35.9	76.2	159.8
	丽江	32.0		-8.3	11.0	14.0	120.4	150.4	400.1	32.6	117.1	186.2
	曲靖	33.7		-9.9	12.2	15.8	190.9	236.7	274.2	21.6	42.3	174.6
	临沧	34.4		-1.2	9.0	10.8	101.5	177.0	453.0	42.3	104.4	123.2
	普洱	35.6		-3.4	8.7	12.0	172.5	233.9	769.5	44.1	102.6	140.7
	蒙自	36.4		-4.6	10.9	15.9	124.7	157.3	297.7	24.3	87.3	210.0
	景洪	41.5	24.4	1.6	8.6	11.2	159.9	217.3	335.0	34.7	114.0	115.5
	楚雄	33.6		-5.3	14.7	15.0	151.1	195.1	326.8	24.8	86.6	184.3
	大理	34.3		-3.4	11.3	14.5	133.6	208.5	305.7	22.5	89.0	145.4
	潞西	36.2		-0.8	10.3	13.2	165.9	194.5	944.8	82.9	80.5	82.5
西藏	拉萨	30.6		-16.8	12.7	16.7	45.6	66.4	167.5	26.1	244.3	216.0
	那曲	23.6		-41.6	19.3	21.6	37.4	70.4	145.1	22.1	102.2	94.3
	昌都	33.4		-20.7	13.8	15.5	53.0	81.7	234.9	29.7	100.8	133.9
	山南	30.7		-18.0	12.6	14.7	41.2	81.2	179.8	24.6	226.4	135.8
	日喀则	29.1		-23.0	18.9	20.6	46.8	89.7	395.7	33.6	244.5	118.6
陕西	西安	42.1	16.7	-21.7	13.1	19.8	112.7	136.1	179.8	18.0	100.6	131.4
	铜川	38.3		-21.3	12.3	20.1	131.8	185.2	267.9		99.8	131.4
	宝鸡	42.3	9.1	-16.3	13.1	17.5	124.6	193.8	269.7	21.5	79.2	127.3
	咸阳	41.8	17.2	-21.0	12.2	20.8	118.7	164.7	211.9	17.5	99.4	132.9

(续表)

省(区、市)	市(区、县)	高温(℃)	连续高温日数(d)	低温(℃)	日降温(℃)	连续降温(℃)	日降水量(mm)	3日降水量(mm)	连续降水量(mm)	连续降水日数(d)	连续无降水日数(d)	连续干旱日数(d)
陕西	渭南	42.1	16.8	-17.3	12.3	16.2	93.8	150.7	215.8	18.3	86.6	147.9
	延安	39.4	8.2	-25.5	14.3	25.5	121.5	156.4	232.3	15.2	120.6	120.4
	榆林	39.3		-33.0	16.7	28.1	144.5	164.1	154.2	11.1	138.6	175.8
	安康	42.0	18.4	-10.5	13.1	15.3	177.1	241.4	343.0	15.1	64.7	92.4
甘肃	兰州	40.1		-22.4	13.6	17.8	76.0	106.9	117.8	9.4	125.3	120.5
	金昌	35.2		-27.8	13.8	20.8	49.8	81.3	101.8	14.6	117.6	219.5
	白银	37.9		-24.5	13.9	20.7	79.5	88.5	88.4	10.7	120.0	162.5
	天水	38.6		-18.4	13.3	19.3	91.4	128.1	167.6	14.6	72.4	105.8
	酒泉	38.2		-30.7	16.3	22.0	54.3	63.5	66.9	9.1	152.7	198.9
	武威	39.5		-31.1	16.5	20.7	66.5	89.4	89.3		110.4	169.9
	张掖	39.8		-30.2	12.9	20.7	41.7	48.6	59.4	9.6	98.6	240.8
	平凉	36.8		-24.8	12.9	19.9	133.4	178.3	223.0	15.5	84.4	165.8
	庆阳	36.4		-23.2	15.4	20.1	129.1	179.5	213.3	16.9	112.2	160.7
	定西	35.3		-30.1	13.4	25.3	72.9	107.4	126.6	13.6	89.8	138.8
	临夏	37.1		-27.8	12.8	20.3	99.0	117.8	123.6	13.5	92.3	123.4
	合作	30.1		-29.1	12.5	20.5	73.2	96.6	117.4	17.7	87.8	95.6
青海	西宁	35.9		-26.4	12.1	20.1	61.2	83.5	91.7	11.7	102.3	169.0
	同仁	35.0		-24.4	12.4	17.6	58.2	66.8	123.4	18.4	108.2	160.7
	共和	33.3		-28.8	14.3	19.0	58.3	78.2	93.1	13.9	134.5	121.7
	玛沁	26.4		-35.2	17.7	23.6	42.2	77.5	156.5	23.7	86.7	58.6
	玉树	29.5		-28.6	14.7	21.8	38.3	62.6	152.4	27.5	93.1	113.8
	德令哈	34.5		-37.8	15.7	22.0	57.6	78.2	89.3	10.1	168.7	205.6
宁夏	银川	39.1		-28.9	15.9	24.4	90.0	106.5	111.8	7.3	175.0	152.0
	中卫	38.2		-32.2	15.2	23.1	71.3	87.0	90.9	7.6	175.6	183.9
新疆	乌鲁木齐	42.4		-39.0	18.0	26.6	63.4	90.0	90.2	11.6	44.0	175.9
	克拉玛依	43.5	16.8	-36.0	16.2	25.1	42.3	45.6	47.0	12.1	88.8	228.6
	吐鲁番	48.8	95.2	-28.7	11.2	19.5	30.0	31.8	31.7		373.0	167.2

省 （区、市）	市 （区、县）	高温 （℃）	连续高温日数 （d）	低温 （℃）	日降温 （℃）	连续降温 （℃）	日降水量 （mm）	3 日降水量 （mm）	连续降水量 （mm）	连续降水日数 （d）	连续无降水日数 （d）	连续干旱日数 （d）
新疆	哈密	43.9	20.6	-32.8	15.8	23.0	28.8	33.4	33.2		210.9	197.9
	和田	41.1	9.3	-23.7	12.2	17.6	24.4	36.8	38.9	11.1	239.2	278.3
	阿克苏	41.4	8.7	-28.9	16.1	18.6	49.0	77.0	79.1		166.1	263.3
	塔城	41.5	8.9	-40.7	25.6	30.8	59.4	87.1	83.8	10.0	43.2	197.7
	阿勒泰	38.0		-43.9	23.5	34.3	43.5	59.6	55.1	9.6	60.9	249.7
	库尔勒	40.7	13.4	-28.6	14.1	18.4	35.3	36.4	36.6		245.3	235.2
	博乐	39.5	8.0	-36.9	14.2	29.7	49.1	59.0	64.2		55.3	149.2

表4 全国主要城市逐月日最高气温极值（单位：℃）

省（区、市）	市（区、县）	一月	二月	三月	四月	五月	六月	七月	八月	九月	十月	十一月	十二月
北京	北京	14.3	19.8	29.5	33.0	38.3	40.6	41.9	38.3	34.4	29.3	20.5	15.6
天津	天津	14.3	20.8	30.5	33.1	38.5	39.6	39.4	38.2	34.5	29.8	19.9	14.3
上海	徐家汇	21.6	27.0	28.9	33.9	35.5	38.4	40.0	40.0	37.3	31.7	28.0	23.4
重庆	沙坪坝	18.8	24.5	34.0	36.4	38.9	39.7	40.4	43.0	40.4	34.5	26.1	18.8
河北	石家庄	18.0	25.8	30.7	34.9	40.3	42.7	42.9	38.6	39.7	32.7	26.8	21.5
	唐山	12.9	19.5	28.3	32.8	38.8	39.6	40.1	36.2	33.1	28.4	20.0	13.1
	秦皇岛	12.7	18.3	25.6	31.6	37.1	39.9	39.2	36.3	33.1	28.1	21.6	14.0
	邯郸	19.9	25.3	31.9	37.9	40.0	43.6	42.5	38.0	39.2	32.4	28.6	23.1
	邢台	20.9	27.4	33.9	36.5	39.9	42.4	41.5	38.2	39.0	31.6	27.8	22.3
	保定	17.5	23.1	30.7	33.8	38.4	41.6	43.3	37.4	36.2	30.3	21.1	14.8
	张家口	9.8	18.2	27.0	33.2	36.8	39.4	41.1	37.6	34.0	25.7	20.4	12.2
	承德	8.8	18.9	28.4	34.2	39.3	41.3	43.3	38.9	33.8	27.5	17.6	8.7
	沧州	15.1	22.0	30.9	33.9	38.0	40.3	42.9	37.1	36.1	30.3	22.2	15.1
	廊坊	14.4	19.8	30.4	33.2	39.1	40.2	40.2	36.3	34.6	29.7	20.3	13.9
内蒙古	呼和浩特	8.0	17.0	23.7	33.4	35.0	37.3	38.9	36.8	32.4	24.6	17.0	7.1
	包头	7.4	16.3	23.9	34.4	35.9	39.9	40.1	37.8	35.0	25.6	16.1	7.0
	通辽	9.7	19.0	25.6	33.0	38.9	39.1	39.1	37.2	33.0	28.3	17.0	11.6
	鄂尔多斯	11.3	16.6	24.9	32.2	32.9	36.5	36.5	33.6	33.3	23.5	16.8	7.5
	乌兰察布	8.6	13.5	21.7	30.1	31.9	35.7	35.5	32.5	32.4	23.7	17.4	8.0
	锡林浩特	7.7	14.5	22.4	32.3	35.0	37.1	39.4	36.8	31.3	25.1	13.7	6.0
辽宁	沈阳	8.6	17.2	20.6	29.8	34.3	36.2	38.3	34.7	31.3	27.0	17.6	11.0
	大连	10.2	14.2	20.1	28.3	33.8	35.3	34.5	33.6	31.1	26.7	18.2	13.2
	鞍山	9.1	17.5	21.0	30.2	35.0	36.5	36.7	36.0	31.5	28.2	18.9	12.9
	抚顺	8.0	17.0	20.8	29.8	34.2	37.5	37.7	35.7	31.7	27.6	18.2	11.0
	本溪	7.6	14.8	20.2	29.1	34.6	37.5	36.9	36.0	31.4	27.2	17.3	10.4

省（区，市）	市（区，县）	一月	二月	三月	四月	五月	六月	七月	八月	九月	十月	十一月	十二月
辽宁	丹东	8.3	15.2	19.6	27.3	30.3	34.5	35.3	35.5	30.3	25.4	17.4	9.7
	锦州	12.3	18.6	23.2	32.8	37.3	41.8	41.7	37.4	32.6	28.4	17.7	12.3
	营口	6.9	15.4	19.7	28.5	33.2	34.0	35.3	33.5	31.0	25.6	17.7	10.9
	阜新	9.3	17.6	24.2	33.2	38.2	40.6	40.9	38.0	32.2	28.7	17.1	10.7
	辽阳	9.3	18.0	21.3	31.1	35.5	37.0	36.6	35.8	31.5	28.3	19.2	11.0
	铁岭	8.0	17.5	21.2	29.8	34.0	37.6	37.6	35.6	30.5	27.5	17.4	11.2
	朝阳	12.9	21.0	28.4	35.0	41.3	40.5	43.3	41.6	34.0	30.1	19.9	14.6
	葫芦岛	13.4	17.5	23.4	33.7	38.9	41.5	37.7	37.3	32.2	28.8	18.6	13.0
吉林	长春	5.6	14.5	21.2	29.5	35.2	36.4	38.0	33.7	29.9	26.0	16.1	7.3
	吉林	6.0	12.8	20.9	30.6	34.8	38.4	36.6	34.9	30.5	27.0	16.3	8.5
	四平	5.8	16.1	21.2	29.6	35.0	37.3	36.2	36.1	30.2	26.2	18.3	8.7
	辽源	7.0	14.6	21.5	30.2	34.6	36.3	36.0	35.8	30.0	26.7	17.4	9.7
	通化	4.7	12.6	18.2	28.7	32.3	35.0	35.6	34.9	29.4	25.6	16.2	7.9
	白山	6.4	11.5	16.3	28.1	30.7	33.2	34.1	32.2	27.8	24.5	14.0	8.3
	松原	3.8	14.4	22.2	31.5	36.1	37.8	36.5	34.6	32.2	26.6	14.5	7.5
	白城	5.9	15.6	26.6	34.3	40.0	40.7	38.6	38.0	34.0	26.4	13.8	9.2
	延吉	8.6	15.1	26.6	32.8	35.5	37.2	37.7	36.2	31.6	26.7	17.0	10.1
黑龙江	哈尔滨	4.2	11.0	21.0	30.9	35.6	37.8	36.5	35.8	31.4	25.6	13.3	5.9
	齐齐哈尔	2.4	12.8	23.0	30.9	35.9	40.8	39.9	37.5	33.3	24.0	14.5	6.9
	鹤岗	1.5	8.6	19.0	29.4	33.5	36.8	37.7	32.9	31.8	25.8	14.0	3.4
	双鸭山	3.3	10.4	20.4	29.9	34.0	37.2	38.2	34.2	32.2	27.6	12.4	4.3
	鸡西	4.5	11.0	20.0	29.8	34.6	37.4	37.6	35.3	31.9	28.2	14.6	8.3
	伊春	1.0	8.0	18.7	28.9	33.0	38.2	36.3	33.0	30.8	25.0	10.7	3.3
	牡丹江	4.6	11.8	19.7	30.3	34.5	37.9	38.4	35.6	31.0	27.3	14.9	8.2
	佳木斯	2.3	9.8	20.2	30.0	34.5	37.2	38.1	35.3	30.9	26.1	13.6	4.3
	黑河	-0.4	7.1	20.4	28.3	35.7	39.3	37.2	35.1	30.9	25.2	12.2	-0.1
	绥化	1.2	8.5	19.9	29.5	35.4	38.3	36.2	35.0	30.9	24.8	11.7	2.4

（续表）

省（区、市）	市（区、县）	一月	二月	三月	四月	五月	六月	七月	八月	九月	十月	十一月	十二月
江苏	南京	21.0	27.7	29.7	34.2	37.5	38.1	39.7	40.7	39.0	32.2	27.0	21.9
	无锡	22.1	26.8	29.5	34.8	36.4	38.1	39.7	38.7	36.4	33.1	26.6	22.4
	徐州	19.8	25.9	30.1	34.8	38.2	40.6	40.0	38.2	35.7	30.4	25.7	21.2
	常州	21.2	26.7	30.6	33.6	36.7	37.8	39.4	38.6	36.1	32.1	29.3	22.2
	苏州	22.4	27.4	30.4	34.6	36.5	37.5	39.3	39.7	35.7	32.5	26.5	23.1
	南通	20.1	25.3	27.2	33.3	35.5	37.6	38.7	38.0	35.3	31.1	26.3	20.0
	连云港	17.8	24.8	29.2	35.4	37.1	39.8	40.2	40.0	34.7	30.7	25.4	20.2
	淮安	19.9	25.0	29.9	34.4	36.1	39.4	39.0	39.5	35.9	31.1	25.1	19.4
	盐城	19.9	25.0	27.8	33.1	36.4	38.4	40.2	39.1	35.8	30.8	25.8	20.0
	扬州	20.6	26.4	29.3	34.1	35.8	37.6	39.1	39.1	36.6	31.4	26.7	21.8
	宿迁	19.3	26.1	29.5	33.7	36.6	38.7	40.0	39.9	34.0	31.2	25.2	20.4
浙江	杭州	23.9	28.5	32.8	34.8	36.5	39.7	40.0	39.6	37.2	32.8	31.2	24.2
	温州	25.6	27.3	29.5	33.2	35.7	37.5	41.7	38.0	36.0	33.4	29.5	25.9
	嘉兴	22.4	28.3	30.2	33.9	36.1	39.6	40.0	39.8	35.9	31.4	27.2	24.0
	湖州	23.0	28.0	32.4	33.8	36.4	37.5	39.2	38.9	35.9	33.0	26.5	24.8
	绍兴	26.7	29.1	33.9	35.0	37.0	38.0	39.9	39.5	36.3	33.2	28.8	24.9
	金华	25.4	29.4	34.8	34.5	36.7	37.8	41.2	40.7	39.3	33.7	29.4	23.1
	衢州	26.1	28.2	34.2	34.6	36.8	39.0	40.9	40.5	38.8	33.6	30.3	23.5
	台州	26.3	27.0	29.9	32.0	35.7	36.7	40.3	39.4	34.6	32.2	29.9	25.2
	丽水	28.8	30.6	35.2	36.3	38.9	39.6	43.2	41.3	39.6	34.6	33.4	25.7
安徽	合肥	20.2	27.5	30.4	34.7	36.4	37.8	39.7	41.0	37.6	32.6	27.5	22.5
	芜湖	23.0	29.4	30.7	34.4	36.0	38.2	40.1	39.3	37.0	32.1	27.8	22.6
	蚌埠	21.3	25.7	30.9	36.4	37.6	40.7	40.3	41.3	37.8	31.7	27.7	22.1
	淮南	21.0	26.5	31.1	36.4	37.3	38.7	40.3	41.2	36.9	32.5	27.1	23.0
	马鞍山	21.6	28.5	29.5	34.0	36.9	37.7	39.9	41.1	36.8	32.1	26.9	21.3
	安庆	22.8	27.4	32.1	33.8	35.8	38.3	39.5	40.2	37.7	34.3	28.9	21.5
	滁州	20.7	27.7	29.5	34.2	36.7	44.1	41.0	45.0	37.4	33.0	27.2	22.1

省（区、市）	市（区、县）	一月	二月	三月	四月	五月	六月	七月	八月	九月	十月	十一月	十二月
安徽	阜阳	20.5	27.7	29.7	36.1	37.7	41.4	40.8	40.8	38.9	32.6	28.4	22.1
	宿州	20.1	26.3	30.0	35.6	37.6	40.8	40.9	39.8	36.3	31.6	27.3	22.1
	巢湖	20.9	27.7	31.6	35.8	35.9	37.7	39.3	39.6	37.4	32.9	27.7	22.7
	六安	22.5	28.7	34.9	36.6	37.5	38.4	40.6	41.0	37.8	33.4	29.0	23.5
	亳州	22.6	26.6	29.1	34.9	39.1	41.3	42.1	40.6	37.0	31.5	27.6	21.1
	池州	20.8	29.1	32.7	34.2	36.1	38.6	40.0	39.7	38.2	32.8	29.1	22.4
	宣城	23.0	28.6	33.5	34.8	36.6	38.1	40.7	40.3	37.7	34.0	28.9	24.3
福建	福州	27.3	29.9	32.1	35.7	37.5	38.4	41.7	39.6	38.4	34.7	31.9	28.2
	厦门	28.4	28.4	30.9	33.6	35.4	37.7	39.2	38.5	36.2	36.0	31.1	27.4
	莆田	27.7	31.1	30.4	33.4	34.5	36.9	38.0	38.7	36.4	33.6	32.2	27.4
	三明	29.4	34.4	34.7	36.5	38.2	39.0	41.4	40.4	38.3	36.1	31.4	28.5
	漳州	30.5	31.6	33.7	36.0	37.5	39.3	40.3	38.4	37.7	34.6	32.8	29.1
	南平	29.3	33.4	34.2	35.5	37.7	38.3	41.8	41.0	38.7	35.3	31.3	27.3
江西	南昌	25.3	28.7	32.5	34.6	36.5	37.7	40.6	39.7	38.0	34.0	30.6	24.8
	景德镇	26.7	28.8	33.5	35.0	36.0	37.9	40.4	41.8	39.0	34.5	30.4	24.9
	萍乡	27.6	30.5	35.0	35.7	37.3	38.2	40.1	39.5	38.1	35.3	31.8	26.0
	九江	22.7	29.1	31.8	34.1	36.9	38.6	40.9	40.0	37.7	34.0	28.4	22.8
	新余	25.8	30.1	33.4	36.2	36.5	38.8	40.6	39.7	37.4	35.5	31.9	25.9
	吉安	26.8	31.0	32.6	36.2	36.8	38.1	40.9	40.2	38.2	35.0	31.9	26.5
	宜春	25.6	29.9	35.0	36.1	37.0	38.9	39.9	41.6	37.3	34.6	31.7	25.3
山东	济南	20.2	25.7	30.2	36.3	39.7	41.2	42.5	37.7	36.1	32.2	25.1	18.7
	青岛	13.5	19.6	21.5	26.4	34.2	34.4	38.9	35.8	31.1	27.8	21.9	16.2
	淄博	20.7	26.3	30.2	35.0	38.1	41.6	42.1	38.8	36.0	33.0	26.7	20.2
	枣庄	17.2	23.6	29.6	34.5	37.8	39.1	40.9	39.0	33.7	29.3	25.1	18.8
	潍坊	17.6	24.2	31.5	36.3	40.7	41.4	40.5	37.8	36.6	31.9	25.5	21.5
	济宁	16.6	23.6	27.9	33.0	37.9	41.6	40.8	38.7	35.0	31.0	23.8	18.4
	泰安	17.0	21.8	28.0	33.8	37.8	40.7	42.1	38.7	34.6	30.7	24.1	17.4

（续表）

省（区、市）	市（区、县）	一月	二月	三月	四月	五月	六月	七月	八月	九月	十月	十一月	十二月
山东	日照	14.6	19.0	25.0	34.0	36.6	38.3	41.4	36.2	32.4	30.2	21.1	15.4
	莱芜	17.3	21.1	28.5	32.9	37.3	39.2	39.9	37.3	34.1	28.9	24.3	18.4
	临沂	16.8	24.0	28.6	34.9	38.0	40.0	41.6	38.7	33.7	30.2	24.4	17.6
	德州	17.1	23.1	30.2	34.7	39.0	41.3	43.4	37.2	35.5	30.8	23.2	16.0
	滨州	18.4	23.5	30.0	34.4	39.0	40.9	39.2	36.5	33.9	30.5	25.5	16.9
	菏泽	18.3	25.4	28.5	34.1	38.1	42.0	41.8	38.3	34.7	31.0	25.2	20.0
河南	郑州	21.0	25.3	31.8	38.7	40.8	42.5	43.0	40.1	37.9	33.3	26.2	21.9
	开封	19.2	25.5	31.0	36.0	39.1	42.5	42.9	38.5	35.6	32.1	25.5	22.2
	洛阳	20.5	24.9	32.3	38.7	40.5	43.7	41.5	39.9	37.2	30.4	26.3	19.1
	平顶山	20.4	24.9	29.4	35.2	41.0	42.5	43.4	40.2	39.5	33.8	25.7	22.0
	安阳	20.7	27.2	31.3	37.0	39.5	43.2	41.8	38.2	39.3	32.2	26.0	21.1
	新乡	19.0	24.8	29.8	36.1	38.1	42.7	41.0	37.9	35.6	34.0	24.9	20.5
	焦作	20.0	25.4	31.7	37.0	41.5	43.5	42.7	40.0	37.7	31.4	25.1	20.7
	濮阳	17.7	24.6	29.9	35.0	39.2	41.7	42.2	37.6	36.4	31.3	23.9	20.3
	许昌	20.2	24.3	29.2	34.2	39.3	41.9	41.9	39.4	37.2	33.3	26.6	21.4
	漯河	20.2	24.9	29.6	35.3	39.9	42.3	42.1	39.8	38.1	33.2	26.4	20.2
	三门峡	15.6	23.3	29.7	36.7	39.8	43.2	41.6	39.5	38.0	30.9	23.8	16.2
	南阳	20.5	23.2	29.0	34.4	38.9	41.4	40.6	39.9	39.0	33.3	25.5	20.5
	商丘	18.2	25.9	28.5	35.3	38.1	41.6	43.0	39.5	35.8	31.8	26.0	19.3
	信阳	20.6	26.5	30.7	34.7	36.3	38.7	40.1	40.9	37.2	34.0	26.7	21.2
	驻马店	21.3	25.7	30.8	36.7	37.7	41.0	41.9	41.2	38.8	34.7	28.1	21.3
湖北	汉口	24.2	29.1	32.4	35.1	36.1	37.8	39.3	39.4	36.7	34.4	28.4	22.5
	黄石	21.4	28.8	31.8	35.8	37.2	38.2	40.4	39.6	37.9	33.1	27.1	20.7
	荆州	21.9	27.0	29.9	33.3	37.3	38.6	38.7	37.7	36.3	33.3	26.8	21.1
	宜昌	22.5	27.6	33.0	36.7	38.7	39.9	40.7	40.6	39.1	34.8	26.9	22.3
	襄樊	21.8	23.6	29.7	34.7	37.4	38.8	41.1	40.7	39.3	33.6	24.8	19.6
	鄂州	22.6	29.7	32.5	35.3	37.8	37.8	40.7	39.5	37.5	33.8	27.5	22.9

省（区、市）	市（区、县）	一月	二月	三月	四月	五月	六月	七月	八月	九月	十月	十一月	十二月
湖北	荆门	20.9	25.7	30.0	33.9	35.8	39.8	39.2	40.0	37.5	34.7	26.8	20.2
	孝感	22.9	27.5	31.4	33.8	35.5	37.5	39.4	38.5	36.3	32.8	28.0	21.5
	黄冈	22.0	28.7	30.0	35.0	36.3	37.9	40.3	40.0	37.5	33.2	26.7	21.2
	咸宁	25.0	30.3	34.7	35.9	37.1	38.6	41.5	41.4	38.4	34.4	31.2	25.8
	随州	21.5	26.0	31.4	34.9	36.6	38.8	40.4	41.1	39.5	35.2	27.0	18.9
	恩施	21.2	24.7	31.8	37.0	37.2	40.2	40.3	41.2	38.4	31.6	24.6	18.0
湖南	长沙	24.7	30.5	32.6	35.7	36.9	38.2	40.7	40.6	37.3	34.4	29.3	23.8
	株洲	25.9	30.9	32.9	35.8	36.5	38.0	40.2	40.5	37.6	36.7	30.0	24.9
	湘潭	25.5	30.1	32.4	35.4	36.0	37.8	39.6	40.4	37.2	34.3	29.8	23.9
	衡阳	27.9	32.2	36.0	37.0	37.5	38.6	40.2	40.8	38.7	35.4	31.6	26.9
	邵阳	26.9	30.4	35.9	35.0	36.2	37.6	39.5	39.0	37.8	34.4	29.2	25.0
	岳阳	23.8	28.0	32.6	33.9	35.8	36.8	39.3	38.4	35.8	33.0	28.7	23.1
	张家界	22.5	29.4	33.9	38.2	38.4	38.8	40.8	40.8	38.1	34.4	27.9	22.7
	郴州	28.1	32.0	33.7	35.6	37.1	38.7	40.3	41.3	38.1	35.5	32.6	26.6
	永州	27.2	31.6	35.7	36.1	39.4	39.8	41.9	41.8	39.4	38.9	32.3	28.8
	娄底	24.3	31.0	34.5	35.7	37.0	38.4	40.4	40.1	38.3	35.0	29.2	23.8
	吉首	23.0	29.5	32.5	35.5	36.7	37.6	39.7	40.2	38.2	33.7	27.7	21.9
广东	广州	28.4	29.4	32.1	33.5	36.2	38.9	39.0	38.7	37.1	34.8	32.3	28.3
	深圳	29.1	30.3	32.0	34.0	35.8	37.0	38.7	37.1	35.8	33.7	31.8	28.6
	汕头	29.0	29.7	31.6	33.8	35.7	36.1	38.8	37.3	36.9	33.4	31.2	27.8
	湛江	30.7	33.7	36.0	36.2	38.1	36.8	37.9	38.1	35.0	33.8	33.3	29.0
	汕尾	28.6	29.2	31.1	33.3	33.3	36.3	38.5	36.8	35.7	34.7	32.5	28.8
	河源	29.1	30.4	33.0	34.9	36.7	38.6	39.0	39.3	37.9	35.2	32.2	29.5
	阳江	28.8	28.9	32.2	32.0	35.0	36.8	38.3	37.5	35.2	33.8	32.5	29.2
	清远	28.6	30.0	33.4	34.0	35.9	38.1	39.0	38.7	37.9	34.7	31.8	28.2
	中山	29.1	29.4	31.6	33.7	35.3	37.4	39.1	37.5	36.3	34.4	31.8	28.1
	潮州	29.5	30.7	33.3	35.0	36.5	37.9	38.8	38.0	37.6	37.2	32.2	29.5

(续表)

省（区、市）	市（区、县）	一月	二月	三月	四月	五月	六月	七月	八月	九月	十月	十一月	十二月
广东	揭阳	29.5	30.5	33.0	35.3	36.2	37.7	39.7	38.9	37.8	35.9	32.2	28.5
广西	南宁	32.6	36.2	35.5	38.3	40.4	37.9	39.0	39.1	38.0	35.2	32.8	29.3
	柳州	30.3	34.4	34.1	36.8	37.6	38.0	39.1	39.2	37.8	35.0	31.9	29.1
	桂林	27.6	32.8	33.7	35.6	35.4	37.4	39.5	39.4	37.8	34.3	30.4	27.0
	梧州	30.4	34.5	34.4	35.8	36.8	37.7	39.7	39.2	38.1	35.5	32.3	28.9
	北海	28.5	29.9	31.5	34.3	35.8	36.2	36.6	37.1	34.8	34.7	32.0	28.6
	钦州	28.1	31.5	31.8	34.0	36.5	37.0	37.9	37.8	36.9	33.9	31.8	28.8
	贵港	30.9	34.8	33.9	35.8	38.9	37.6	39.7	39.3	38.0	35.4	32.4	29.3
	玉林	28.9	32.9	33.3	34.9	36.7	37.5	38.4	38.0	36.4	34.4	32.2	29.6
	百色	33.4	38.4	38.9	42.5	42.2	39.9	40.1	40.0	39.6	36.9	33.6	31.9
	来宾	31.3	34.7	34.7	36.7	37.9	37.6	39.6	39.5	37.6	34.9	31.5	28.9
	崇左	32.9	36.8	37.3	40.0	41.2	39.4	39.9	39.9	38.0	36.2	34.4	31.5
海南	海口	33.5	37.2	38.1	39.6	38.8	38.4	38.4	37.0	35.8	34.5	34.7	31.5
	三亚	30.4	31.2	33.2	34.5	35.6	35.7	34.8	35.2	35.5	33.8	32.7	31.4
四川	成都	17.9	22.7	30.9	32.8	35.0	36.0	36.0	36.3	35.1	29.0	23.5	18.2
	自贡	18.1	24.0	32.0	35.6	38.5	37.6	38.9	41.1	35.8	30.7	24.4	18.9
	绵阳	19.9	22.3	32.1	33.2	36.2	37.0	38.8	37.4	35.9	30.0	24.2	18.2
	乐山	19.7	23.9	32.5	34.7	36.7	38.3	37.8	39.7	35.8	30.7	24.0	19.0
	南充	19.4	23.5	31.6	35.2	37.9	38.9	39.8	41.4	39.5	32.5	24.2	17.3
	宜宾	19.6	25.2	32.0	35.0	37.4	37.8	39.1	40.7	36.2	30.4	25.0	20.3
	雅安	20.0	23.9	31.8	33.5	37.7	36.5	36.9	37.9	33.9	29.3	24.4	19.3
	巴中	19.1	22.6	31.4	35.2	36.2	38.2	40.3	40.6	37.5	31.7	24.9	17.5
	资阳	19.3	23.4	32.6	35.1	39.0	38.3	38.8	40.0	36.6	30.9	24.9	18.8
	马尔康	22.1	24.8	28.3	31.3	34.7	34.5	34.6	34.8	31.8	29.2	23.3	18.0
	甘孜	20.7	19.3	25.3	27.0	28.7	30.5	29.7	29.8	27.1	25.9	19.6	17.4
	西昌	26.0	28.7	33.5	35.5	36.6	35.4	35.5	35.1	34.0	30.2	26.7	24.8
贵州	贵阳	25.8	29.7	31.8	35.3	34.6	35.6	37.0	35.9	33.3	32.1	27.4	26.1

省（区、市）	市（区、县）	一月	二月	三月	四月	五月	六月	七月	八月	九月	十月	十一月	十二月
贵州	安顺	24.3	27.7	31.8	33.2	33.4	33.2	32.6	34.3	30.8	29.0	27.6	28.4
	铜仁	29.3	32.0	36.5	38.2	37.5	40.4	40.5	42.5	37.7	36.0	28.4	24.2
	毕节	25.9	29.7	33.8	33.4	36.2	33.4	33.5	33.9	32.3	28.9	26.2	24.1
	兴义	27.6	31.0	33.8	34.5	37.5	33.3	33.5	34.8	33.6	30.4	28.2	25.7
	凯里	26.0	30.4	33.6	36.4	35.2	35.4	37.5	37.8	35.9	31.8	28.3	23.4
	都匀	27.0	30.2	33.5	34.5	33.8	34.8	36.1	36.3	35.7	31.2	28.0	23.1
云南	昆明	23.3	25.6	28.1	30.4	31.5	29.9	30.3	29.7	30.4	27.4	25.3	21.9
	玉溪	24.1	27.7	29.2	33.4	34.4	32.1	31.3	32.5	31.4	28.7	26.3	23.2
	保山	22.4	25.4	28.9	30.1	32.4	32.2	31.3	31.4	30.1	28.8	24.7	21.2
	丽江	22.6	23.6	26.3	28.9	30.8	32.3	30.8	29.1	27.3	25.9	23.6	20.6
	曲靖	23.7	26.3	29.5	32.0	33.2	32.1	31.2	31.7	30.1	27.6	26.0	23.2
	临沧	25.9	28.6	30.5	32.9	34.2	33.6	32.7	31.7	30.9	29.3	27.1	25.3
	普洱	27.6	29.8	32.4	34.4	35.7	32.8	31.8	32.3	31.0	29.5	28.6	25.2
	蒙自	30.1	30.7	33.2	35.9	36.0	34.5	33.7	33.6	32.9	30.4	28.7	27.1
	景洪	32.2	35.7	38.6	41.1	41.0	38.3	37.4	36.0	35.4	34.1	33.2	31.4
	楚雄	23.6	26.9	30.0	33.4	33.6	32.6	31.3	31.2	31.0	28.1	26.1	22.9
	大理	23.3	24.7	27.1	30.2	31.9	34.0	33.4	33.5	29.6	27.8	23.8	24.5
	潞西	27.0	31.0	33.4	36.2	36.2	35.8	34.4	35.3	34.2	32.5	29.6	26.5
西藏	拉萨	20.5	20.6	25.0	25.9	29.4	29.9	30.4	27.2	25.4	24.2	22.8	17.7
	那曲	10.5	10.3	16.1	16.6	21.3	24.2	22.6	21.6	18.5	16.9	11.0	11.8
	昌都	21.8	21.4	26.1	28.1	29.8	32.7	33.4	30.8	29.4	26.7	22.3	19.7
	山南	20.5	20.8	25.0	26.5	28.7	30.0	30.3	28.5	26.7	24.1	22.5	19.3
	日喀则	18.6	19.6	22.9	24.0	28.5	28.2	29.0	26.2	24.2	22.6	19.9	17.3
陕西	西安	17.0	24.1	31.1	35.6	38.6	42.9	41.0	39.7	36.5	33.0	22.6	17.5
	铜川	16.6	21.1	28.7	34.3	34.7	37.7	36.8	35.8	34.1	27.2	19.7	15.6
	宝鸡	20.7	27.0	31.4	36.2	38.5	41.7	40.9	37.8	36.1	31.4	24.1	18.8
	咸阳	16.1	24.6	30.6	34.6	38.4	42.0	40.3	38.7	36.8	28.9	21.9	17.7

(续表)

省(区、市)	市(区、县)	一月	二月	三月	四月	五月	六月	七月	八月	九月	十月	十一月	十二月
陕西	渭南	17.6	25.2	30.9	36.2	39.0	42.8	41.7	39.5	37.7	30.5	23.7	18.3
	延安	16.6	23.8	29.4	36.7	36.5	39.3	39.7	36.5	35.6	29.4	23.2	15.9
	榆林	11.2	17.2	28.6	34.8	36.2	39.0	38.6	36.9	36.0	27.8	20.0	12.0
	安康	18.3	23.8	31.7	37.4	39.2	40.3	41.7	41.0	40.7	33.8	24.0	16.7
甘肃	兰州	17.1	22.5	28.4	34.6	34.7	36.8	39.8	38.3	33.1	25.7	17.7	12.4
	金昌	15.6	22.7	23.6	28.6	29.6	32.0	35.3	32.6	31.3	24.5	18.6	16.5
	白银	13.9	18.8	26.3	32.8	33.5	36.2	39.1	35.7	31.7	25.2	17.1	13.9
	天水	14.0	21.2	29.0	32.7	34.0	37.2	38.2	35.7	33.3	26.5	20.5	12.0
	酒泉	13.0	15.8	25.2	31.5	33.6	36.1	38.4	37.5	31.4	26.9	17.1	17.3
	武威	15.5	22.3	28.1	32.8	34.2	37.0	40.8	37.3	34.9	27.8	21.2	16.7
	张掖	18.4	24.2	27.2	33.1	34.7	38.1	39.8	39.3	34.0	29.0	24.0	16.7
	平凉	17.3	23.4	28.2	32.6	33.4	35.9	36.0	34.0	31.8	27.2	20.4	14.9
	庆阳	13.4	19.5	26.4	31.6	31.9	35.9	36.4	32.3	30.9	24.9	19.1	12.8
	定西	14.6	20.3	26.7	29.6	31.2	34.3	35.1	32.2	29.5	22.7	18.8	15.4
	临夏	14.8	19.4	27.7	31.1	30.5	33.6	36.4	36.2	30.2	25.5	17.7	13.0
	合作	17.1	18.6	23.6	29.2	27.2	27.2	30.4	28.7	27.5	22.0	18.2	15.0
青海	西宁	13.9	20.8	26.2	31.8	30.7	32.4	36.5	33.5	29.2	23.7	18.0	13.0
	同仁	17.0	21.6	27.0	32.7	30.9	32.0	35.0	34.2	32.5	23.0	17.5	13.9
	共和	11.8	16.3	23.2	29.8	27.9	29.7	33.7	32.1	29.4	20.8	14.8	8.1
	玛沁	10.1	12.8	17.8	21.9	22.5	26.6	26.3	25.1	24.0	19.4	12.7	9.4
	玉树	17.6	15.3	22.7	23.0	26.3	28.7	29.6	29.1	26.4	23.8	15.7	14.4
	德令哈	9.6	14.7	20.5	27.4	29.3	31.6	34.7	30.8	30.1	21.3	13.7	9.8
宁夏	银川	16.7	19.4	26.7	35.1	36.5	37.0	39.3	37.8	35.7	27.4	20.5	14.6
	中卫	16.1	22.5	28.7	34.0	36.0	35.5	37.6	36.3	35.7	28.6	22.7	13.1
新疆	乌鲁木齐	9.9	13.5	23.7	32.5	37.0	40.9	41.0	40.7	36.2	27.1	18.3	10.6
	克拉玛依	5.8	12.9	24.9	35.6	39.5	40.7	44.0	42.7	36.3	26.4	14.4	6.5
	吐鲁番	8.5	19.5	30.7	39.4	43.6	47.6	47.8	46.3	40.1	30.8	19.7	6.2

省（区、市）	市（区、县）	一月	二月	三月	四月	五月	六月	七月	八月	九月	十月	十一月	十二月
新疆	哈密	8.2	16.8	26.6	34.9	38.8	42.7	43.9	42.6	36.2	28.6	17.2	7.2
	和田	20.5	22.0	30.6	35.4	37.6	39.8	41.1	39.9	34.0	27.8	23.1	21.2
	阿克苏	8.8	16.2	27.9	35.6	36.9	37.4	40.7	37.4	32.9	26.7	15.8	7.5
	塔城	8.6	10.5	24.7	33.2	38.2	37.2	40.3	40.8	35.9	28.6	18.0	9.8
	阿勒泰	5.3	6.5	23.1	30.7	34.1	37.0	37.5	37.5	32.5	25.1	14.6	4.7
	库尔勒	8.6	14.6	26.8	34.7	36.3	39.0	40.0	39.1	34.3	27.4	16.9	8.0
	博乐	8.9	10.1	24.1	35.8	37.0	38.8	39.5	39.4	36.7	24.3	14.4	5.2

表5　全国主要城市逐月日最低气温极值（单位：℃）

省（区，市）	市（区，县）	一月	二月	三月	四月	五月	六月	七月	八月	九月	十月	十一月	十二月
北京	北京	-22.8	-27.4	-15.0	-2.9	3.5	10.5	16.2	11.4	3.7	-3.5	-12.3	-18.3
天津	天津	-18.1	-22.9	-17.7	-1.7	5.7	10.1	17.0	13.7	6.2	-2.2	-11.4	-16.2
上海	徐家汇	-10.1	-7.9	-5.2	0.0	7.5	12.3	18.9	18.8	10.8	1.7	-4.2	-8.5
重庆	沙坪坝	-1.8	-0.8	2.1	2.8	10.8	15.5	19.4	17.8	14.3	6.9	0.7	-1.7
河北	石家庄	-19.6	-19.8	-17.3	-0.5	3.8	11.6	16.2	11.1	3.7	-2.4	-14.1	-18.5
	唐山	-25.2	-18.8	-15.7	-4.5	4.2	9.4	16.0	10.7	3.8	-5.6	-14.5	-21.0
	秦皇岛	-26.0	-19.3	-16.3	-4.4	3.6	9.9	14.2	11.4	3.4	-6.4	-12.6	-18.8
	邯郸	-19.0	-18.3	-11.1	-2.0	4.9	10.4	16.5	13.7	5.4	-1.0	-11.4	-17.2
	邢台	-22.4	-20.0	-13.3	-1.8	4.3	11.2	16.7	13.2	3.9	-1.7	-11.6	-21.6
	保定	-22.0	-20.9	-14.8	-1.5	4.2	11.4	16.7	12.6	4.2	-2.3	-13.1	-17.9
	张家口	-25.7	-24.9	-17.8	-8.4	-1.7	5.1	10.2	7.2	-2.3	-9.1	-21.1	-23.0
	承德	-27.0	-23.3	-19.8	-7.3	0.8	7.6	12.4	6.4	-0.1	-10.6	-18.8	-23.2
	沧州	-22.1	-20.6	-16.8	-2.4	4.8	9.8	17.1	13.4	4.3	-2.3	-11.5	-19.2
	廊坊	-21.8	-25.5	-20.8	-3.2	1.2	10.3	14.6	9.9	3.6	-5.5	-13.7	-19.5
内蒙古	呼和浩特	-31.2	-32.8	-26.8	-14.4	-3.5	2.3	8.7	4.1	-4.0	-10.4	-22.2	-29.0
	包头	-31.4	-28.8	-20.4	-11.8	-3.9	3.2	9.8	4.9	-4.2	-11.8	-21.9	-29.0
	通辽	-33.9	-28.7	-25.6	-12.5	-1.9	4.7	10.8	6.8	-1.9	-11.2	-23.8	-31.6
	鄂尔多斯	-29.2	-29.8	-22.8	-11.6	-3.3	1.7	9.1	4.3	-3.2	-13.6	-24.3	-27.1
	乌兰察布	-32.4	-31.8	-26.5	-15.3	-6.0	-0.1	6.7	0.0	-6.5	-14.5	-27.8	-33.8
	锡林浩特	-42.4	-39.8	-38.0	-18.2	-9.2	0.2	6.8	-0.6	-7.9	-19.5	-32.7	-39.0
辽宁	沈阳	-32.9	-30.1	-25.0	-9.2	0.6	8.0	12.6	5.7	1.0	-8.3	-22.9	-30.5
	大连	-21.1	-17.3	-15.3	-4.2	4.6	10.8	15.4	14.5	6.4	-1.9	-12.8	-19.0
	鞍山	-29.9	-30.4	-24.0	-8.5	1.3	7.4	13.6	9.5	1.7	-8.7	-25.5	-29.1
	抚顺	-37.3	-33.5	-25.6	-14.7	-2.3	5.5	11.1	3.8	-2.3	-12.6	-23.9	-33.7
	本溪	-34.5	-29.4	-23.1	-9.5	0.4	5.9	12.5	7.0	-0.1	-9.4	-24.2	-31.4

省(区,市)	市(区,县)	一月	二月	三月	四月	五月	六月	七月	八月	九月	十月	十一月	十二月
辽宁	丹东	-27.8	-28.0	-25.2	-6.2	1.7	9.0	14.2	9.5	2.6	-5.8	-14.9	-23.8
	锦州	-24.8	-23.5	-21.4	-7.8	2.0	9.3	14.7	8.2	2.3	-6.2	-17.3	-23.4
	营口	-28.4	-25.3	-21.9	-5.8	2.6	9.4	15.2	12.1	2.4	-7.6	-23.7	-24.8
	阜新	-30.9	-27.8	-26.5	-10.7	-0.5	5.7	9.5	5.0	-1.1	-9.3	-20.9	-27.4
	辽阳	-35.6	-34.9	-26.1	-12.1	-0.4	5.4	12.5	8.3	-0.3	-9.9	-24.7	-29.8
	铁岭	-34.6	-31.8	-29.6	-9.1	-1.0	5.8	11.5	6.1	-1.1	-9.8	-26.3	-32.1
	朝阳	-34.4	-32.3	-28.7	-11.0	-1.4	6.2	11.6	2.7	-1.6	-12.0	-28.7	-27.7
	葫芦岛	-28.4	-24.0	-23.5	-6.6	1.2	8.1	13.4	6.1	0.1	-7.4	-20.9	-23.4
吉林	长春	-36.5	-31.9	-28.0	-15.2	-3.1	5.0	10.6	6.3	-2.4	-13.4	-24.8	-33.2
	吉林	-42.5	-38.0	-29.3	-12.3	-4.4	4.6	9.3	5.3	-4.8	-15.6	-29.3	-36.9
	四平	-33.3	-33.3	-29.9	-12.8	-2.0	5.3	11.3	5.2	-2.9	-13.2	-24.4	-31.3
	辽源	-41.0	-36.3	-28.6	-16.4	-4.1	3.2	9.9	3.7	-4.2	-14.0	-28.4	-36.9
	通化	-35.9	-36.3	-31.5	-15.1	-1.6	4.2	10.3	5.0	-2.8	-11.5	-27.1	-36.0
	白山	-40.5	-36.1	-31.2	-21.2	-4.6	-0.3	6.0	0.7	-6.1	-16.7	-29.2	-37.8
	松原	-38.7	-39.8	-28.8	-15.6	-2.4	5.0	10.9	7.7	-1.2	-15.0	-26.2	-36.0
	白城	-38.1	-36.7	-28.1	-14.2	-3.7	3.7	8.0	6.6	-2.9	-19.6	-29.3	-35.1
	延吉	-31.7	-32.7	-25.5	-10.3	-1.8	3.9	9.5	6.5	-4.0	-13.6	-27.5	-32.2
黑龙江	哈尔滨	-38.1	-37.3	-29.0	-12.7	-3.2	5.0	9.8	6.6	-4.8	-16.2	-26.5	-35.7
	齐齐哈尔	-39.5	-34.5	-29.4	-12.2	-3.4	1.9	9.9	7.2	-3.5	-16.0	-27.9	-35.0
	鹤岗	-34.5	-30.1	-24.1	-13.8	-2.7	5.0	9.4	7.1	-3.0	-14.7	-25.1	-33.6
	双鸭山	-37.1	-33.9	-26.5	-13.6	-3.2	2.7	8.1	6.0	-4.7	-16.1	-27.1	-34.0
	鸡西	-35.1	-30.5	-26.1	-12.5	-2.6	4.2	8.4	5.5	-3.9	-13.1	-28.6	-33.3
	伊春	-43.1	-39.9	-34.8	-16.5	-6.5	0.2	4.5	0.4	-6.9	-22.5	-36.3	-40.4
	牡丹江	-38.3	-35.3	-30.2	-11.5	-3.2	4.8	9.1	6.2	-5.1	-14.2	-27.3	-35.6
	佳木斯	-41.1	-35.2	-32.2	-12.8	-4.8	4.5	6.1	5.4	-5.0	-17.0	-29.5	-37.6
	黑河	-44.5	-38.3	-33.3	-19.4	-5.0	1.9	6.1	4.0	-6.4	-19.2	-32.8	-39.4
	绥化	-41.8	-36.5	-29.6	-14.9	-4.9	2.2	9.6	5.0	-5.3	-16.7	-30.3	-38.7

(续表)

省(区,市)	市(区,县)	一月	二月	三月	四月	五月	六月	七月	八月	九月	十月	十一月	十二月
江苏	南京	-14.0	-13.0	-7.1	0.2	6.4	11.8	18.5	16.9	7.7	0.2	-6.3	-13.1
	无锡	-11.8	-12.5	-5.8	0.0	5.5	11.8	18.8	18.0	10.8	1.6	-4.3	-8.4
	徐州	-17.3	-22.6	-7.6	-1.0	4.8	12.4	15.9	13.4	5.0	-1.0	-8.3	-13.5
	常州	-15.5	-11.5	-6.5	-0.5	5.7	11.5	18.8	16.8	10.4	1.6	-5.4	-11.2
	苏州	-9.5	-8.1	-3.1	0.4	5.9	13.1	19.7	18.1	12.9	3.7	-2.8	-7.5
	南通	-10.7	-10.8	-7.0	-0.1	6.5	12.0	18.5	16.5	9.9	2.6	-4.0	-8.9
	连云港	-14.9	-18.1	-10.4	-3.3	4.4	12.5	17.3	15.3	6.8	-1.8	-7.8	-15.9
	淮安	-20.2	-21.5	-9.7	-1.7	3.4	11.6	16.2	13.6	7.0	-0.7	-7.2	-14.5
	盐城	-12.9	-14.3	-7.6	-2.0	5.7	11.7	17.0	16.0	8.8	0.9	-6.6	-12.8
	扬州	-11.9	-15.8	-9.6	-1.8	3.6	12.0	18.1	15.4	8.2	0.1	-6.2	-12.0
	宿迁	-15.6	-23.4	-8.0	-2.1	4.6	11.6	17.1	14.2	5.7	-1.2	-7.1	-16.5
浙江	杭州	-8.6	-9.6	-3.5	0.7	9.0	12.8	19.5	18.2	12.0	1.0	-3.6	-8.4
	温州	-4.5	-3.9	-0.5	4.1	9.2	14.9	17.9	19.1	13.7	5.7	0.2	-3.5
	嘉兴	-11.9	-9.8	-4.9	-0.2	6.9	12.2	19.8	18.1	11.2	2.1	-4.1	-9.4
	湖州	-10.9	-11.1	-3.7	0.7	8.6	13.8	20.1	18.6	12.1	2.3	-3.1	-8.5
	绍兴	-9.6	-10.1	-2.0	0.9	8.4	12.9	19.2	19.0	11.6	2.8	-2.4	-10.2
	金华	-9.6	-8.9	-2.0	2.2	9.8	13.3	19.5	17.8	11.5	2.1	-3.4	-7.5
	衢州	-10.4	-8.9	-2.9	2.1	9.9	14.4	19.5	18.0	12.0	2.1	-3.6	-7.0
	台州	-6.8	-6.3	-3.8	2.1	8.6	13.3	18.4	18.4	12.2	3.2	-1.5	-7.1
	丽水	-7.7	-7.1	-3.4	3.4	9.6	13.3	19.5	16.3	10.3	1.5	-3.9	-7.5
安徽	合肥	-18.3	-14.1	-7.3	0.8	6.2	12.2	17.9	15.8	10.8	1.5	-5.1	-13.5
	芜湖	-10.8	-13.1	-4.1	1.3	8.0	13.4	18.8	17.4	12.4	3.2	-3.1	-9.6
	蚌埠	-19.3	-19.4	-9.4	-0.2	5.4	12.0	17.0	15.0	8.7	-0.5	-7.1	-13.3
	淮南	-16.7	-16.6	-8.7	0.1	5.5	11.9	17.5	15.9	8.5	-0.6	-6.2	-15.7
	马鞍山	-12.7	-13.0	-4.0	1.4	7.5	13.2	18.9	17.1	11.3	2.4	-5.0	-13.7
	安庆	-9.4	-12.5	-4.3	-0.3	8.3	13.2	18.7	17.6	11.7	3.2	-3.8	-8.5
	滁州	-22.9	-17.0	-10.0	-0.3	5.9	11.6	17.9	14.2	9.1	-0.5	-7.3	-12.4

省（区，市）	市（区，县）	一月	二月	三月	四月	五月	六月	七月	八月	九月	十月	十一月	十二月
安徽	阜阳	-19.3	-20.4	-10.2	-0.4	6.2	13.0	17.7	14.4	7.6	-2.0	-6.9	-13.1
	宿州	-23.2	-22.3	-11.7	-3.9	4.3	12.0	17.6	14.6	7.1	-3.0	-8.6	-18.7
	巢湖	-13.2	-12.7	-4.6	1.8	6.8	13.3	17.9	16.1	11.2	2.1	-4.1	-11.3
	六安	-18.9	-18.8	-10.0	-0.1	7.0	12.1	18.4	15.3	8.6	1.5	-5.3	-14.7
	亳州	-18.3	-20.6	-11.3	-1.3	5.5	11.6	16.6	13.8	4.5	-1.2	-8.8	-17.5
	池州	-10.4	-15.6	-3.6	-0.2	8.8	13.1	19.0	17.7	11.1	1.5	-5.1	-11.1
	宣城	-13.8	-13.7	-3.7	0.0	8.9	13.1	18.7	17.7	10.8	1.7	-4.8	-12.8
福建	福州	-1.2	-0.8	2.0	5.2	11.5	15.8	19.0	20.4	15.0	9.6	3.1	-1.7
	厦门	2.0	2.0	4.3	7.6	13.4	16.3	20.7	21.4	16.5	12.8	7.5	1.5
	莆田	-2.3	-0.8	1.5	5.9	13.2	16.2	21.1	20.7	14.7	9.7	4.7	-0.2
	三明	-5.5	-3.6	-1.7	3.0	10.1	14.0	20.0	16.7	10.5	4.2	-0.4	-5.8
	漳州	-2.1	0.4	3.0	6.4	14.0	17.7	21.0	21.3	15.1	7.6	3.8	-0.1
	南平	-5.8	-3.6	-1.2	3.5	9.0	15.1	20.5	18.5	10.5	4.7	-1.0	-5.1
江西	南昌	-7.7	-9.3	-1.7	2.4	10.0	14.8	19.0	19.5	13.3	3.5	-0.8	-9.7
	景德镇	-10.9	-9.2	-4.0	0.5	8.5	14.2	18.4	16.8	8.9	0.0	-7.2	-9.6
	萍乡	-8.6	-8.5	-2.1	1.5	8.7	13.4	17.4	17.5	10.5	1.8	-4.1	-9.3
	九江	-9.3	-9.7	-2.3	2.0	8.7	14.5	20.0	17.8	14.3	3.9	-3.9	-6.7
	新余	-7.2	-5.4	-1.4	2.7	10.6	14.9	19.4	18.3	11.9	2.1	-1.8	-8.2
	吉安	-7.1	-8.0	-1.6	2.7	10.9	15.5	19.1	19.3	12.5	3.3	-3.0	-6.7
	宜春	-9.2	-7.3	-2.3	1.7	9.4	12.9	17.9	16.9	10.5	1.5	-5.2	-8.5
山东	济南	-19.7	-16.5	-11.2	-1.2	5.8	11.3	16.9	12.8	6.4	0.0	-9.3	-16.0
	青岛	-14.3	-12.1	-6.2	-1.1	6.9	11.2	15.4	14.9	9.2	1.9	-8.1	-13.0
	淄博	-23.0	-22.8	-18.9	-2.9	1.9	11.1	14.6	11.1	3.2	-2.4	-11.7	-19.3
	枣庄	-19.2	-18.8	-8.7	-2.4	4.3	12.4	16.1	12.1	4.5	-2.2	-10.3	-18.6
	潍坊	-21.4	-17.9	-11.6	-6.8	1.1	6.3	14.6	11.5	3.7	-4.3	-12.7	-16.2
	济宁	-18.5	-19.4	-8.9	-2.4	3.6	11.4	16.6	12.5	2.2	-2.4	-9.9	-16.9
	泰安	-22.4	-19.3	-12.6	-3.7	0.7	9.1	16.0	10.4	1.8	-3.3	-12.6	-20.3

（续表）

省（区，市）	市（区，县）	一月	二月	三月	四月	五月	六月	七月	八月	九月	十月	十一月	十二月
山东	日照	-14.5	-13.3	-7.1	-0.9	6.9	11.5	16.0	13.4	8.3	0.5	-8.3	-12.8
	莱芜	-21.8	-22.5	-12.1	-4.7	0.2	9.6	14.9	12.0	2.4	-3.6	-12.4	-19.3
	临沂	-16.5	-16.5	-9.0	-3.8	3.7	12.0	15.3	12.6	6.5	-0.2	-8.0	-14.5
	德州	-27.0	-21.0	-14.7	-2.0	3.5	10.5	16.4	13.2	5.1	-2.0	-10.7	-22.0
	滨州	-22.8	-20.9	-13.5	-3.6	2.2	10.3	16.4	12.4	4.5	-3.9	-10.3	-18.7
	菏泽	-20.4	-15.6	-11.3	-2.0	3.8	12.3	17.3	11.7	4.8	-1.3	-12.9	-17.5
河南	郑州	-17.9	-14.7	-13.7	-4.9	3.1	11.7	15.1	11.9	5.0	-1.5	-13.1	-17.9
	开封	-15.0	-13.0	-13.0	-1.3	5.0	11.4	16.1	13.1	5.0	-1.0	-11.7	-16.0
	洛阳	-17.2	-13.4	-8.2	-1.8	4.6	12.9	15.4	11.7	5.7	-1.9	-11.7	-13.5
	平顶山	-19.1	-17.0	-10.0	-2.3	4.0	11.1	15.6	11.1	5.3	-0.9	-8.2	-12.1
	安阳	-21.7	-16.7	-10.1	-2.7	5.5	11.7	16.8	11.6	5.5	-1.4	-11.4	-18.1
	新乡	-21.3	-12.2	-10.0	-1.7	4.7	12.4	16.7	13.5	5.0	-1.4	-12.8	-19.2
	焦作	-16.9	-16.6	-8.8	-1.3	6.6	13.9	15.9	11.8	5.1	-0.8	-7.7	-16.3
	濮阳	-20.0	-15.5	-10.1	-1.1	2.7	11.0	16.1	11.3	3.8	-1.9	-18.4	-20.7
	许昌	-17.4	-12.3	-11.8	-1.9	4.5	12.1	16.4	11.7	6.3	-1.3	-13.1	-14.0
	漯河	-15.9	-14.9	-12.3	-1.2	4.5	12.7	16.9	13.3	6.7	-1.1	-9.0	-11.0
	三门峡	-16.5	-10.6	-9.8	-2.1	4.7	12.4	15.8	12.8	4.9	-2.1	-8.0	-12.8
	南阳	-21.2	-13.0	-9.6	-0.4	5.6	11.8	17.2	12.8	6.6	-1.2	-8.0	-17.5
	商丘	-18.9	-16.7	-12.9	-1.3	4.9	11.9	16.9	12.5	4.0	-1.4	-12.3	-15.0
	信阳	-20.0	-16.0	-6.6	0.3	5.0	11.9	17.4	14.1	7.9	-0.4	-6.4	-12.4
	驻马店	-18.0	-17.4	-10.0	-1.2	5.5	11.4	16.0	13.9	7.1	-1.5	-8.7	-14.8
湖北	汉口	-18.1	-14.6	-5.0	-0.3	8.0	13.0	17.8	16.4	10.1	1.3	-7.1	-10.1
	黄石	-11.0	-9.8	-1.9	0.4	9.6	13.4	18.7	17.1	12.0	2.8	-3.3	-8.1
	荆州	-14.9	-9.2	-3.2	-0.5	7.8	13.0	19.2	15.8	10.3	1.7	-3.0	-7.8
	宜昌	-9.8	-4.4	-1.3	2.1	8.8	14.7	18.8	17.2	11.4	3.7	-0.9	-5.4
	襄樊	-14.8	-11.6	-6.1	1.2	6.3	12.6	17.2	14.9	9.0	0.0	-3.8	-9.7
	鄂州	-12.4	-10.0	-1.6	0.6	9.2	13.8	19.3	17.5	11.1	3.1	-2.5	-6.7

省（区、市）	市（区、县）	一月	二月	三月	四月	五月	六月	七月	八月	九月	十月	十一月	十二月
湖北	荆门	-14.0	-8.7	-2.3	0.1	6.8	12.8	18.1	14.2	9.6	2.3	-3.4	-11.0
	孝感	-13.7	-10.0	-4.6	0.9	7.1	12.9	18.6	15.9	10.7	1.1	-5.2	-14.9
	黄冈	-12.2	-10.3	-2.0	0.7	8.2	13.3	19.0	17.0	11.7	2.9	-2.8	-8.0
	咸宁	-15.4	-12.1	-2.9	0.0	8.8	12.6	18.2	16.4	9.5	2.3	-4.3	-10.7
	随州	-16.3	-11.5	-4.8	0.0	5.9	13.1	18.0	14.3	8.7	0.0	-4.4	-12.3
	恩施	-12.3	-6.5	-1.1	1.4	8.3	13.6	15.7	16.2	11.2	5.2	-0.4	-4.7
湖南	长沙	-9.5	-11.3	-2.3	2.5	8.9	13.2	18.7	16.7	12.3	2.4	-2.8	-11.7
	株洲	-8.0	-7.5	-1.4	2.2	9.3	13.1	18.6	16.9	12.7	3.0	-2.0	-11.5
	湘潭	-7.6	-8.5	-2.1	2.4	9.6	13.2	19.3	17.1	12.1	2.0	-1.5	-12.1
	衡阳	-7.0	-7.9	-0.3	3.1	9.9	13.2	18.9	18.3	12.8	5.2	-0.9	-5.9
	邵阳	-10.5	-6.4	-1.6	2.2	8.8	14.1	18.1	17.9	11.7	3.2	-2.0	-6.9
	岳阳	-11.8	-11.4	-3.8	0.8	8.1	14.3	20.1	16.7	11.1	5.3	-2.3	-5.9
	张家界	-13.7	-6.2	-1.0	1.9	8.7	11.9	18.3	15.8	10.0	4.1	-1.7	-5.1
	郴州	-9.0	-6.8	-2.7	1.3	9.6	13.4	18.6	17.3	10.8	2.2	-3.5	-6.3
	永州	-7.0	-5.1	-0.1	3.7	9.2	14.5	18.9	18.4	12.2	4.5	-0.8	-5.2
	娄底	-12.1	-6.4	-0.8	2.1	9.2	13.3	19.0	16.8	11.3	3.2	-2.2	-9.6
	吉首	-7.5	-4.3	-0.7	2.6	8.7	13.0	16.9	16.1	10.9	4.2	-3.1	-4.4
广东	广州	0.1	0.0	3.3	7.7	14.6	18.8	21.6	20.9	15.5	9.5	4.9	0.0
	深圳	0.9	0.2	4.8	8.7	15.0	19.0	20.0	21.1	16.9	9.3	4.9	1.7
	汕头	0.4	1.1	3.0	8.3	14.2	17.7	20.8	21.6	16.4	8.2	4.6	0.3
	湛江	2.8	3.3	6.6	8.0	16.8	18.6	20.5	20.9	17.2	12.3	6.2	2.8
	汕尾	1.6	2.4	5.3	8.2	14.5	18.2	21.4	21.0	18.0	8.9	5.8	2.1
	河源	-3.8	-1.9	2.3	7.0	13.5	17.0	19.8	20.0	14.0	7.8	2.1	-1.4
	阳江	-1.4	2.2	6.6	9.9	15.3	19.3	21.1	20.6	16.8	9.4	4.6	2.2
	清远	0.0	-0.6	4.2	7.6	13.9	18.8	21.4	19.9	14.2	8.5	3.2	1.0
	中山	-1.3	0.5	4.9	8.9	15.2	18.4	21.4	21.5	16.9	8.8	4.4	1.5
	潮州	-0.5	1.2	3.5	8.1	14.5	16.9	21.3	21.3	15.2	7.7	4.6	0.2

（续表）

省（区，市）	市（区，县）	一月	二月	三月	四月	五月	六月	七月	八月	九月	十月	十一月	十二月
广东	揭阳	-2.7	1.3	3.5	8.2	14.9	17.6	21.6	22.1	16.7	8.2	3.1	0.2
	南宁	-2.1	0.2	3.7	9.2	15.0	18.2	20.7	19.9	15.4	6.9	0.7	-1.9
	柳州	-3.8	-0.8	1.1	7.8	12.6	17.7	20.0	20.0	14.7	8.3	2.9	-0.5
	桂林	-4.9	-3.3	0.0	4.0	10.7	14.6	18.2	18.3	12.9	6.1	0.7	-3.3
	梧州	-1.8	-3.0	1.7	7.1	13.0	16.6	20.3	19.8	14.8	7.2	2.4	-1.5
	北海	2.0	2.0	6.3	9.2	15.1	19.4	20.2	18.7	16.1	12.0	6.4	2.0
广西	钦州	-1.8	2.3	5.2	9.6	14.6	19.0	21.0	20.9	15.7	10.2	3.9	1.9
	贵港	-3.4	0.1	1.3	7.8	13.7	18.1	19.3	18.4	15.6	6.5	2.9	-0.4
	玉林	-2.1	0.3	2.5	9.0	13.9	17.8	20.5	19.5	15.3	8.3	3.6	0.8
	百色	-2.0	1.4	4.3	9.1	13.3	17.8	19.5	19.3	14.4	8.4	4.2	0.1
	来宾	-3.3	-0.9	0.7	7.7	12.2	17.2	19.7	19.2	15.0	5.4	2.6	-1.6
	崇左	-1.9	1.6	3.5	9.3	15.1	18.9	20.5	19.8	14.7	8.4	3.4	-0.1
海南	海口	2.8	6.5	7.4	9.8	16.3	21.2	20.2	21.7	17.9	14.1	10.0	5.3
	三亚	5.1	10.6	10.5	15.5	19.8	21.4	20.1	20.8	19.7	14.7	7.9	7.1
	成都	-4.3	-3.8	-1.3	1.6	6.6	14.1	16.0	16.2	11.1	2.5	-0.4	-5.1
	自贡	-2.1	-1.7	1.6	1.6	10.4	14.8	18.0	17.1	14.0	5.5	2.5	-1.8
	绵阳	-5.9	-4.3	-2.1	2.0	7.2	14.8	17.3	15.8	12.2	3.8	-2.5	-7.3
	乐山	-4.3	-1.9	1.6	2.2	10.3	13.6	17.6	16.6	13.3	5.3	2.2	-2.9
	南充	-2.8	-0.6	1.3	1.5	9.5	14.3	18.9	16.9	12.7	3.5	-0.4	-3.4
四川	宜宾	-3.0	-0.2	1.8	2.2	10.3	14.7	18.2	16.6	12.1	5.9	3.4	-1.4
	雅安	-3.0	-1.6	0.6	1.9	10.0	14.2	17.1	15.6	12.3	4.8	1.2	-3.9
	巴中	-4.5	-2.2	-0.4	0.8	9.5	14.7	17.5	16.4	12.6	2.7	-0.2	-5.3
	资阳	-3.5	-3.2	-0.3	2.5	9.2	15.3	17.8	16.3	12.8	4.7	1.0	-4.0
	马尔康	-17.5	-13.6	-11.3	-5.3	-1.0	1.4	3.1	1.5	-1.6	-6.2	-11.6	-16.6
	甘孜	-26.5	-23.6	-16.4	-9.6	-3.7	0.1	0.6	-1.1	-4.4	-9.5	-21.4	-28.7
	西昌	-3.4	-3.8	0.2	3.0	7.8	11.0	12.7	13.0	8.9	4.8	-1.8	-2.8
贵州	贵阳	-7.8	-6.0	-2.9	0.1	6.3	10.8	12.1	13.1	8.1	3.3	-2.4	-6.6

省（区、市）	市（区、县）	一月	二月	三月	四月	五月	六月	七月	八月	九月	十月	十一月	十二月
贵州	安顺	-6.8	-7.6	-3.1	-0.8	6.7	10.2	12.9	11.6	8.5	2.8	-2.4	-6.4
	铜仁	-9.2	-4.7	-2.0	4.2	8.2	14.2	16.7	16.7	11.1	5.0	-1.9	-4.3
	毕节	-8.2	-10.9	-3.3	-3.8	3.7	6.9	10.7	9.5	6.3	-0.2	-4.2	-8.0
	兴义	-4.9	-3.1	-0.4	2.8	8.5	12.5	13.5	13.7	9.0	5.1	0.8	-4.7
	凯里	-9.7	-5.1	-1.6	2.6	6.1	11.7	13.5	14.4	9.3	3.9	-2.4	-5.8
	都匀	-6.9	-5.2	-0.6	2.4	6.1	11.2	13.3	13.8	9.2	3.5	-1.7	-5.1
云南	昆明	-5.4	-2.9	-4.7	0.5	5.5	9.2	11.6	8.8	6.2	2.0	-2.9	-7.8
	玉溪	-4.4	-2.2	-2.5	1.3	6.6	11.4	12.8	10.7	6.8	2.4	-0.8	-5.5
	保山	-3.8	-2.7	-1.0	0.9	7.8	12.4	13.1	13.0	10.4	5.4	0.7	-2.3
	丽江	-7.1	-6.2	-4.2	-1.3	3.5	6.9	6.9	6.6	3.4	-0.7	-4.5	-10.3
	曲靖	-6.2	-9.2	-5.3	-2.3	3.8	7.2	9.0	7.8	5.3	1.1	-3.2	-8.7
	临沧	-1.3	1.1	0.9	4.7	10.2	13.4	14.6	13.1	10.6	6.7	1.8	-1.0
	普洱	-2.5	-1.7	0.8	3.4	8.6	13.8	15.0	13.5	10.4	4.9	2.0	-2.8
	蒙自	-3.9	-0.4	-1.8	4.4	9.6	12.5	13.5	12.4	8.6	2.9	0.9	-4.4
	景洪	2.7	4.2	6.2	9.8	15.0	18.0	18.9	19.2	15.8	12.0	7.2	1.9
	楚雄	-4.8	-3.7	-3.1	1.7	7.3	10.7	13.0	11.4	7.9	3.1	-2.9	-4.8
	大理	-3.7	-2.7	-2.4	-0.5	6.7	9.5	11.8	10.5	6.1	4.2	0.1	-4.2
	潞西	-0.6	1.4	3.6	8.4	13.7	16.7	16.8	17.8	14.5	9.3	3.9	-0.1
西藏	拉萨	-16.5	-15.4	-10.5	-8.1	-1.9	2.0	4.5	3.3	0.3	-7.2	-10.5	-16.1
	那曲	-41.2	-33.8	-27.3	-22.1	-15.9	-7.1	-6.8	-7.0	-12.4	-23.6	-32.5	-35.3
	昌都	-19.4	-17.4	-13.0	-8.0	-2.1	1.1	2.7	1.1	-1.4	-8.7	-14.5	-20.7
	山南	-18.2	-14.1	-12.3	-7.7	-3.9	2.6	2.0	1.2	-0.7	-8.1	-12.2	-15.9
	日喀则	-25.1	-19.4	-14.5	-10.0	-4.9	0.6	2.2	0.3	-1.6	-11.5	-15.5	-20.2
陕西	西安	-20.6	-18.7	-6.6	-2.8	4.2	9.2	15.2	12.1	4.8	-1.9	-16.8	-19.3
	铜川	-20.1	-15.8	-11.9	-5.4	0.0	7.3	12.9	8.7	0.4	-6.1	-13.9	-21.8
	宝鸡	-16.7	-11.4	-6.5	-3.5	3.9	10.0	13.2	8.4	4.5	-2.0	-8.0	-16.1
	咸阳	-19.4	-19.7	-8.5	-3.4	3.0	9.7	14.7	12.0	3.9	-4.4	-15.6	-18.6

（续表）

省（区、市）	市（区、县）	一月	二月	三月	四月	五月	六月	七月	八月	九月	十月	十一月	十二月
陕西	渭南	-15.8	-14.8	-7.8	-3.8	4.5	10.8	15.0	11.8	3.7	-3.3	-7.7	-16.7
	延安	-25.4	-20.8	-16.9	-7.9	-3.4	5.1	10.1	5.3	-3.0	-8.5	-17.0	-23.0
	榆林	-30.9	-28.5	-19.3	-9.0	-2.8	4.7	10.4	5.4	-3.2	-10.4	-21.1	-32.7
	安康	-9.5	-7.6	-2.6	-0.3	7.3	13.7	16.7	13.7	10.3	1.0	-3.1	-9.7
甘肃	兰州	-21.7	-17.6	-12.8	-8.6	-0.1	4.6	9.8	5.4	0.4	-7.1	-14.9	-19.7
	金昌	-26.7	-26.2	-20.8	-19.2	-7.0	0.6	4.8	0.8	-4.3	-17.7	-27.0	-28.3
	白银	-26.0	-21.0	-15.8	-11.0	-2.1	3.0	8.1	4.5	-1.0	-11.1	-16.7	-22.1
	天水	-19.2	-15.0	-8.2	-6.4	1.8	7.0	10.6	8.4	1.2	-5.1	-11.6	-17.4
	酒泉	-28.6	-31.6	-25.7	-10.6	-3.4	4.1	7.7	4.4	-3.7	-16.9	-24.2	-29.8
	武威	-28.6	-29.5	-19.3	-11.4	-3.0	2.8	8.0	4.0	-1.9	-14.4	-24.7	-32.0
	张掖	-28.7	-27.1	-18.8	-9.4	-3.0	1.5	6.7	4.4	-3.2	-12.7	-26.3	-28.2
	平凉	-22.5	-19.1	-12.6	-8.5	-0.9	4.6	9.9	5.5	-0.7	-7.9	-16.6	-24.3
	庆阳	-22.4	-20.1	-12.9	-9.4	-0.3	5.4	10.5	6.2	-0.8	-7.3	-16.8	-22.6
	定西	-26.6	-27.1	-20.0	-13.2	-2.7	0.1	4.4	2.6	-3.7	-10.8	-20.4	-29.7
	临夏	-27.0	-21.6	-14.9	-11.4	-2.1	0.2	5.2	3.7	-0.3	-10.5	-18.9	-26.1
	合作	-28.5	-27.1	-20.9	-17.4	-10.0	-2.7	-0.2	-1.3	-5.7	-17.0	-23.8	-27.9
青海	西宁	-24.9	-20.7	-16.9	-12.5	-2.0	0.9	4.2	3.7	-1.1	-12.5	-19.0	-24.9
	同仁	-22.9	-20.9	-15.0	-13.2	-3.3	0.0	3.4	1.2	-2.0	-12.5	-17.4	-23.0
	共和	-28.9	-25.2	-21.6	-15.6	-8.8	-0.7	0.4	-1.4	-6.0	-20.6	-23.6	-26.3
	玛沁	-34.4	-34.9	-27.4	-19.6	-12.4	-6.5	-4.8	-6.1	-13.3	-24.6	-25.6	-33.1
	玉树	-30.0	-28.3	-18.0	-12.0	-11.6	-4.8	-1.9	-2.3	-7.9	-14.1	-20.6	-27.6
	德令哈	-37.2	-32.8	-24.1	-14.1	-8.9	-2.6	0.5	-2.5	-8.9	-18.4	-23.7	-31.5
宁夏	银川	-30.6	-25.4	-18.5	-9.6	-1.8	6.6	11.1	6.8	-3.3	-9.0	-15.8	-29.3
	中卫	-29.1	-26.1	-18.5	-8.7	-2.7	4.4	6.8	6.7	-6.0	-11.4	-19.2	-29.2
新疆	乌鲁木齐	-34.1	-41.5	-23.7	-14.9	-2.4	6.6	8.8	5.0	-5.0	-12.4	-36.6	-32.8
	克拉玛依	-35.9	-34.3	-26.7	-10.4	2.1	9.6	13.0	8.2	-0.3	-7.7	-27.2	-34.3
	吐鲁番	-28.0	-24.2	-10.4	-1.8	4.7	11.5	15.1	11.6	1.3	-5.7	-17.8	-26.1

（续表）

省（区、市）	市（区、县）	一月	二月	三月	四月	五月	六月	七月	八月	九月	十月	十一月	十二月
新疆	哈密	-31.9	-27.8	-17.1	-11.7	-1.6	5.6	10.3	5.4	-1.7	-9.6	-27.6	-31.7
	和田	-21.6	-19.3	-7.0	-0.2	3.3	8.1	11.7	9.0	4.3	-4.0	-13.3	-19.3
	阿克苏	-27.6	-24.2	-8.4	-3.1	2.3	5.2	8.7	7.7	-0.1	-4.6	-17.2	-26.3
	塔城	-39.2	-37.1	-30.6	-12.3	-7.2	-0.5	6.0	2.7	-6.1	-13.6	-32.4	-39.0
	阿勒泰	-41.2	-41.5	-36.4	-17.3	-4.3	1.9	6.0	0.4	-6.2	-14.9	-40.8	-43.5
	库尔勒	-28.1	-23.4	-10.4	-3.3	1.6	5.2	11.2	7.9	1.9	-5.0	-16.6	-25.4
	博乐	-36.2	-35.3	-29.0	-10.6	-4.7	3.6	7.8	2.9	-5.0	-12.0	-28.8	-35.0

134

表6　全国主要城市逐月日降水量极值（单位：mm）

省（区、市）	市（区、县）	一月	二月	三月	四月	五月	六月	七月	八月	九月	十月	十一月	十二月
北京	北京	14.6	29.3	26.6	51.0	101.9	139.2	244.2	212.2	83.5	44.6	22.2	12.8
天津	天津	14.0	21.7	27.1	74.0	61.7	130.5	158.1	133.8	45.1	107.0	23.1	10.3
上海	徐家汇	40.0	31.8	58.0	87.8	76.1	155.5	97.0	164.5	146.0	65.5	54.2	38.1
重庆	沙坪坝	19.3	24.6	60.2	81.5	179.9	192.9	271.0	144.7	90.6	70.0	49.1	21.3
河北	石家庄	10.7	16.5	38.4	45.1	68.2	88.0	161.8	138.7	63.9	45.9	34.8	12.8
	唐山	14.7	20.3	25.3	66.4	85.3	100.3	179.2	120.8	102.6	64.2	16.2	12.5
	秦皇岛	15.9	26.0	26.2	97.1	66.7	147.2	215.4	196.9	64.2	72.3	28.0	38.1
	邯郸	9.0	19.8	36.7	95.2	66.6	97.4	175.8	142.2	84.0	59.0	26.4	19.1
	邢台	8.2	16.2	40.9	46.6	94.8	80.1	167.0	148.1	80.5	56.2	36.1	10.2
	保定	13.5	18.1	21.5	31.3	113.9	86.1	138.3	153.3	75.5	46.4	26.5	15.7
	张家口	13.8	17.1	25.9	27.5	32.7	52.3	89.7	100.4	47.1	37.8	19.7	8.6
	承德	14.6	18.0	26.8	28.1	66.7	79.1	151.4	97.9	48.4	32.4	20.2	10.0
	沧州	15.0	26.6	29.3	51.9	48.6	138.9	274.3	138.1	49.1	144.9	22.1	10.6
	廊坊	13.7	19.0	21.8	54.1	37.3	112.0	180.5	195.4	65.3	69.5	31.1	12.5
内蒙古	呼和浩特	10.6	14.9	41.9	55.2	40.9	79.4	210.1	114.9	57.0	34.5	18.5	7.7
	包头	7.7	8.8	22.6	39.0	50.9	47.9	87.4	100.8	55.9	27.4	13.3	5.6
	通辽	5.6	37.6	22.4	55.0	36.1	78.5	110.4	174.4	35.8	39.3	26.0	23.3
	鄂尔多斯	10.0	17.2	18.0	35.9	45.1	56.0	133.4	147.9	64.3	20.0	10.7	4.3
	乌兰察布	7.4	8.1	12.2	63.9	36.1	60.8	62.1	67.5	39.5	23.8	11.2	4.8
	锡林浩特	7.5	6.9	14.1	20.2	48.0	50.3	84.0	99.2	33.0	20.7	14.2	3.7
辽宁	沈阳	19.5	22.3	47.0	38.1	58.9	69.1	145.7	215.5	100.8	49.3	22.3	31.3
	大连	27.1	27.4	56.2	78.6	91.5	164.0	171.1	182.8	61.2	44.8	41.6	40.4
	鞍山	27.4	35.2	72.3	47.2	56.0	71.4	132.6	188.9	75.1	75.8	29.0	18.5
	抚顺	22.1	24.1	38.3	56.5	50.0	94.0	124.4	177.7	56.3	45.5	23.9	28.8
	本溪	22.7	36.9	52.6	50.2	57.7	84.3	168.5	166.9	61.5	54.0	27.0	26.4

省（区、市）	市（区、县）	一月	二月	三月	四月	五月	六月	七月	八月	九月	十月	十一月	十二月
辽宁	丹东	34.0	35.6	92.2	86.3	151.2	110.6	190.7	169.2	230.7	71.5	43.0	21.8
	锦州	6.7	24.7	34.8	114.2	61.5	144.1	158.3	174.9	78.8	66.5	22.0	25.3
	营口	20.6	26.9	34.0	72.4	91.1	88.5	218.5	240.5	60.0	67.2	29.3	21.6
	阜新	7.6	15.0	33.1	73.2	62.0	72.0	161.7	137.8	66.3	54.2	21.4	23.2
	辽阳	22.5	31.1	56.0	67.0	59.6	77.5	149.2	242.5	84.5	50.8	26.0	27.1
	铁岭	19.9	22.3	28.7	45.5	67.7	86.2	272.8	134.2	59.9	36.4	25.1	23.1
	朝阳	5.1	17.3	26.5	52.3	48.0	95.6	232.2	133.1	58.2	44.4	16.0	18.3
	葫芦岛	13.4	25.9	29.2	100.9	86.3	184.5	227.3	145.2	86.5	68.8	22.1	40.6
吉林	长春	7.7	9.8	21.8	34.6	59.0	65.3	130.4	122.0	60.9	44.7	14.5	15.7
	吉林	11.6	10.2	16.2	33.3	33.8	71.0	119.3	116.3	59.1	46.9	14.4	14.2
	四平	17.7	13.5	24.4	34.6	51.5	100.2	139.6	157.1	54.2	32.6	19.7	18.5
	辽源	14.6	24.4	32.1	31.9	42.1	65.8	110.0	119.2	54.1	37.6	19.5	25.0
	通化	22.0	42.0	33.7	56.7	59.7	72.1	148.4	128.6	59.8	33.5	31.5	19.9
	白山	21.4	42.5	27.6	54.2	52.6	83.1	104.4	162.9	58.7	54.4	29.5	16.6
	松原	4.9	6.0	13.1	89.2	46.0	61.3	106.2	103.3	41.3	33.2	7.7	12.3
	白城	3.2	4.7	9.9	51.1	62.0	102.1	119.2	109.0	52.5	32.9	4.8	15.4
	延吉	33.8	22.7	23.9	49.4	80.0	68.7	98.0	75.7	71.4	40.5	66.5	11.2
黑龙江	哈尔滨	6.7	10.3	14.2	37.5	79.1	52.1	155.3	93.4	53.2	34.1	10.3	17.3
	齐齐哈尔	6.2	5.0	17.0	35.2	45.4	82.7	111.8	133.0	54.9	33.5	6.4	24.5
	鹤岗	10.7	9.0	25.0	45.6	45.1	108.4	116.7	126.1	59.5	41.3	17.8	45.8
	双鸭山	21.5	16.6	42.3	30.6	44.9	50.2	84.0	98.1	85.6	59.9	17.7	11.8
	鸡西	14.6	15.9	21.5	39.5	40.6	66.0	121.8	118.9	57.6	42.4	22.9	13.7
	伊春	6.4	7.7	13.7	47.6	46.6	74.5	112.3	133.1	42.2	33.1	11.7	17.0
	牡丹江	14.5	11.1	26.7	28.6	40.8	94.9	81.1	129.2	65.8	39.1	23.7	21.0
	佳木斯	14.6	12.0	17.1	21.6	62.0	66.0	88.0	88.5	54.0	40.1	11.6	23.2
	黑河	9.1	6.1	9.1	49.2	40.4	65.0	107.1	70.8	76.9	20.1	10.6	7.5
	绥化	6.7	12.6	12.8	35.7	43.3	88.8	110.9	87.3	36.4	34.7	9.8	8.9

（续表）

省（区、市）	市（区、县）	一月	二月	三月	四月	五月	六月	七月	八月	九月	十月	十一月	十二月
江苏	南京	32.7	37.0	47.6	61.0	140.5	172.5	179.3	112.7	113.5	59.8	54.7	37.0
	无锡	51.1	65.3	63.2	69.5	87.8	136.4	112.7	149.9	101.6	54.9	46.3	40.1
	徐州	29.2	26.7	43.6	105.6	127.9	131.0	315.4	180.0	93.3	83.5	51.2	16.9
	常州	53.1	56.0	65.8	98.6	106.6	134.8	172.1	196.2	93.2	90.1	56.7	35.8
	苏州	47.8	34.3	56.3	78.0	81.7	154.3	130.2	148.6	99.5	62.1	48.6	45.3
	南通	46.9	38.5	46.6	97.6	108.7	153.7	194.0	124.1	114.9	70.7	46.3	34.4
	连云港	27.3	32.4	44.8	67.7	116.9	264.4	167.1	194.5	128.1	85.0	41.2	24.6
	淮安	32.4	37.4	48.6	83.9	130.0	207.9	161.1	170.9	190.9	81.2	46.0	26.6
	盐城	31.3	30.0	80.3	88.9	117.2	133.0	132.5	163.1	119.6	96.1	66.9	23.6
	扬州	42.8	45.4	98.6	58.4	98.2	151.2	174.2	194.4	118.1	92.7	60.3	31.2
	宿迁	28.3	39.6	66.3	127.1	201.8	140.1	253.9	243.7	155.7	71.6	37.5	34.0
浙江	杭州	56.7	50.0	60.6	90.3	141.6	136.4	109.6	127.2	189.3	53.6	47.9	43.6
	温州	42.1	42.0	87.5	81.8	98.7	124.5	197.4	252.5	256.1	113.7	131.4	41.9
	嘉兴	45.7	53.3	54.2	73.2	69.0	184.3	149.3	230.9	154.1	55.0	38.0	42.9
	湖州	59.8	48.7	58.0	103.5	75.0	154.0	127.2	127.5	130.7	55.5	46.4	42.9
	绍兴	54.4	58.4	60.4	68.3	83.3	109.1	112.6	148.5	137.8	82.6	50.1	38.0
	金华	50.9	52.1	72.6	97.7	120.6	133.7	95.6	140.0	84.2	70.4	60.5	37.0
	衢州	56.2	66.1	106.4	97.4	146.2	205.0	129.4	107.6	121.2	106.1	76.7	53.0
	台州	47.3	44.1	61.7	93.6	120.8	111.9	192.5	199.9	321.0	306.9	92.4	73.9
	丽水	56.9	47.8	86.3	69.7	82.2	123.2	108.9	117.6	143.7	61.6	59.6	34.0
安徽	合肥	39.7	35.0	50.2	100.2	108.1	238.4	142.4	129.6	109.6	99.8	46.9	39.5
	芜湖	49.7	62.4	62.5	131.6	124.0	245.0	233.2	80.1	154.3	53.5	51.1	36.1
	蚌埠	33.2	48.1	76.7	66.3	122.3	162.6	175.1	216.7	94.8	56.9	38.5	39.2
	淮南	31.6	55.5	84.5	89.3	93.4	218.7	143.4	136.9	102.6	48.2	74.3	37.8
	马鞍山	33.4	36.1	42.5	79.8	87.9	161.6	185.1	89.9	76.2	72.2	46.9	37.1
	安庆	56.4	65.0	114.1	120.0	174.1	262.3	300.0	195.2	99.8	81.5	57.7	43.6
	滁州	42.6	34.0	77.1	76.5	85.7	166.3	172.4	145.1	90.9	55.5	42.3	42.0

省（区、市）	市（区、县）	一月	二月	三月	四月	五月	六月	七月	八月	九月	十月	十一月	十二月
安徽	阜阳	53.9	36.3	58.2	68.9	112.4	211.6	226.1	165.9	129.4	70.8	34.9	33.7
	宿州	35.3	42.6	67.5	80.4	139.3	153.1	221.6	167.5	173.2	68.7	28.8	23.9
	巢湖	36.2	38.9	62.3	76.5	111.8	192.6	225.0	161.6	161.5	61.2	45.1	37.0
	六安	43.7	44.4	61.5	64.2	111.1	102.2	250.0	154.4	109.3	103.8	64.4	39.4
	亳州	28.4	38.0	45.6	69.2	172.7	141.4	285.3	105.0	85.6	57.0	42.0	25.0
	池州	51.9	64.9	112.1	103.9	143.8	247.0	250.3	157.7	86.8	52.1	51.7	47.3
	宣城	50.7	48.5	105.5	87.3	84.6	272.4	164.4	106.5	118.1	48.9	50.1	36.8
福建	福州	49.9	68.1	73.4	77.8	132.5	165.4	187.5	164.5	143.4	127.2	93.0	49.5
	厦门	46.0	82.0	113.6	239.7	212.2	315.7	210.0	181.7	186.7	200.3	117.7	46.9
	莆田	56.3	47.1	67.6	133.0	243.2	214.6	235.0	140.5	184.8	177.1	125.3	60.6
	三明	58.1	94.7	112.1	84.8	142.2	174.5	89.9	129.2	84.7	83.9	49.0	47.3
	漳州	50.1	68.6	110.4	90.4	209.9	201.9	256.1	139.9	118.2	194.0	88.5	53.1
	南平	70.8	79.7	81.0	112.9	139.1	189.0	137.6	87.4	82.7	83.7	100.7	51.0
江西	南昌	47.0	65.1	113.3	181.5	163.2	289.0	142.6	197.5	88.1	120.0	66.0	56.7
	景德镇	56.1	71.6	87.0	145.4	126.2	228.5	206.4	155.7	117.6	144.6	103.7	50.4
	萍乡	46.7	97.2	80.4	125.2	136.9	175.5	186.5	151.4	64.9	154.8	54.2	71.0
	九江	55.3	58.2	56.9	139.8	126.6	209.6	196.1	248.6	85.2	151.4	69.2	62.0
	新余	55.8	119.1	78.3	133.3	142.1	154.3	98.0	125.1	100.6	90.0	54.3	49.4
	吉安	67.0	53.0	65.9	104.4	178.0	168.3	158.5	198.8	70.7	80.6	58.1	56.0
	宜春	47.2	77.9	83.0	171.7	169.3	211.0	235.1	103.2	103.5	124.7	65.8	65.0
山东	济南	15.6	17.7	23.3	62.3	115.9	132.6	298.4	185.6	167.4	91.6	32.5	10.9
	青岛	25.9	25.5	39.0	44.7	69.0	128.6	133.0	241.2	164.0	108.2	93.1	13.1
	淄博	22.7	32.0	28.5	84.2	114.6	83.8	100.7	179.3	88.6	61.7	41.9	14.9
	枣庄	30.1	29.0	31.5	104.6	102.6	244.5	157.4	224.1	99.1	81.9	47.6	18.1
	潍坊	30.1	25.0	33.7	44.3	47.8	107.2	115.8	188.8	85.2	56.6	39.6	17.6
	济宁	27.2	27.9	40.4	96.0	109.7	173.5	177.1	175.7	147.5	60.5	65.7	14.0
	泰安	19.4	26.3	27.1	69.5	72.9	97.3	150.2	133.6	150.0	105.2	52.0	12.1

（续表）

省（区、市）	市（区、县）	一月	二月	三月	四月	五月	六月	七月	八月	九月	十月	十一月	十二月
山东	日照	32.0	34.2	60.6	63.7	67.3	128.4	219.2	213.7	180.6	112.5	65.1	22.1
	莱芜	28.3	24.3	22.1	60.6	86.7	178.0	228.3	184.0	153.6	69.7	59.4	13.1
	临沂	39.0	26.4	46.3	62.6	98.0	129.7	181.4	257.7	99.5	121.6	70.5	20.0
	德州	16.0	18.7	23.0	64.5	68.2	91.7	179.4	159.7	91.6	159.2	27.9	9.5
	滨州	15.0	27.6	30.3	94.9	160.7	140.1	146.3	145.9	71.0	93.4	22.5	14.9
	菏泽	16.4	22.5	55.2	60.4	70.7	189.1	223.1	154.0	88.4	69.4	43.1	14.5
河南	郑州	19.8	22.7	41.6	79.9	90.6	100.2	160.7	173.2	85.7	70.7	28.1	24.8
	开封	21.9	24.0	51.9	139.5	126.2	95.3	170.8	217.8	108.3	67.3	26.1	17.2
	洛阳	20.1	32.0	43.6	102.0	59.1	78.9	134.9	68.4	125.0	40.9	33.6	14.3
	平顶山	18.5	27.0	45.0	77.3	112.3	249.1	218.3	158.9	106.8	53.7	34.8	15.6
	安阳	13.3	14.7	46.3	55.9	92.7	156.3	249.2	180.5	97.4	53.1	28.7	13.0
	新乡	14.1	16.4	40.0	92.1	85.5	100.3	133.3	200.5	87.9	65.4	29.2	19.8
	焦作	15.2	17.2	46.8	70.0	80.6	104.2	168.3	151.8	68.8	47.9	29.6	17.2
	濮阳	12.7	17.7	51.2	58.8	72.5	140.8	276.9	149.8	83.4	68.8	33.6	18.6
	许昌	18.4	30.3	56.4	76.8	121.3	177.2	130.3	172.9	89.0	49.9	40.9	13.1
	漯河	28.5	47.9	51.3	57.0	93.0	236.8	279.6	118.3	63.6	72.0	40.5	18.2
	三门峡	11.0	14.4	31.8	45.5	60.2	80.6	112.8	111.9	76.3	49.8	32.8	12.6
	南阳	24.4	31.6	33.8	117.0	112.5	170.3	212.9	119.4	92.7	70.0	40.5	19.9
	商丘	26.9	39.1	49.5	60.1	79.2	118.8	193.3	170.0	107.0	56.5	57.3	18.3
	信阳	63.7	40.4	62.2	126.9	108.1	165.1	276.2	139.2	138.0	64.2	52.8	27.3
	驻马店	30.3	32.4	50.5	93.6	121.6	136.6	283.7	420.4	116.0	99.6	43.3	24.1
湖北	汉口	49.2	51.9	64.9	110.1	148.6	317.4	285.7	261.7	111.9	99.7	47.9	34.7
	黄石	58.2	51.1	76.7	108.4	148.5	249.5	360.4	172.5	163.7	83.7	56.8	42.4
	荆州	42.7	39.8	75.9	90.0	174.3	116.9	120.3	164.7	120.9	82.0	48.9	31.0
	宜昌	29.6	36.9	38.2	88.0	139.1	125.3	153.6	229.1	203.2	53.3	38.8	21.8
	襄樊	33.1	37.0	65.6	86.5	93.4	111.6	293.9	117.1	101.8	95.5	37.5	18.8
	鄂州	51.2	61.3	90.1	92.7	147.5	209.9	286.2	145.7	93.5	148.5	52.5	53.3

省（区、市）	市（区、县）	一月	二月	三月	四月	五月	六月	七月	八月	九月	十月	十一月	十二月
湖北	荆门	30.8	30.7	41.5	186.3	116.8	157.0	233.7	236.2	97.2	63.6	39.9	14.8
	孝感	37.4	35.7	53.4	102.1	122.1	193.2	163.4	136.4	95.4	63.4	36.6	29.1
	黄冈	52.6	67.2	130.1	96.6	163.0	293.2	224.7	130.7	103.7	143.0	45.2	72.3
	咸宁	53.7	52.6	54.3	128.6	166.3	206.6	155.0	127.8	80.4	119.9	66.0	45.7
	随州	30.0	42.3	82.0	94.2	194.4	228.3	162.1	131.7	93.3	77.9	54.9	20.6
	恩施	26.4	69.6	43.0	117.4	103.6	227.5	181.2	174.6	120.5	85.2	39.9	23.9
湖南	长沙	46.8	52.1	77.2	138.0	133.7	281.3	122.7	151.3	92.4	99.7	90.9	56.0
	株洲	41.0	61.0	68.1	127.1	157.0	195.7	119.3	128.8	70.6	84.4	65.7	74.0
	湘潭	37.9	56.5	60.5	107.4	143.6	209.8	123.6	128.9	78.2	93.5	66.9	55.6
	衡阳	40.4	65.5	65.1	87.0	217.4	150.8	123.7	141.6	50.3	104.3	107.6	78.2
	邵阳	36.7	47.6	48.5	90.3	140.2	214.6	135.6	123.3	118.2	98.9	53.0	80.0
	岳阳	57.8	52.9	69.1	121.0	98.4	246.1	217.0	190.0	126.7	103.3	90.8	44.3
	张家界	39.6	53.6	70.6	78.7	175.5	249.2	455.5	145.7	141.0	61.6	49.2	44.7
	郴州	59.4	53.1	68.4	89.7	105.7	180.0	236.5	294.6	96.8	92.6	69.2	58.3
	永州	47.9	58.2	78.8	82.4	123.0	120.1	194.8	97.9	68.4	87.1	98.6	47.5
	娄底	42.1	49.8	52.4	87.0	106.5	124.7	131.5	85.4	99.8	147.5	60.0	43.0
	吉首	43.0	40.8	52.1	131.5	164.3	208.9	231.0	173.1	80.5	82.9	43.5	35.8
广东	广州	75.0	89.2	79.3	159.0	215.3	284.9	165.0	239.0	156.4	100.7	68.7	45.5
	深圳	91.5	80.9	149.5	344.0	278.5	288.9	308.6	298.3	213.5	303.1	79.6	79.7
	汕头	43.6	84.0	104.5	214.8	264.7	279.1	297.4	187.1	224.5	197.0	110.9	75.2
	湛江	71.6	60.8	121.4	259.1	297.5	223.2	192.6	247.7	217.6	150.1	85.3	84.9
	汕尾	92.8	71.7	145.6	246.1	269.2	475.7	311.0	232.9	268.3	438.2	178.3	49.5
	河源	95.5	97.3	151.2	155.0	225.8	399.9	263.4	123.1	202.1	102.8	62.7	78.2
	阳江	73.8	82.2	96.9	293.9	433.1	605.3	328.9	238.0	368.7	192.2	144.4	94.3
	清远	111.0	105.9	96.7	207.7	640.6	278.0	130.3	136.0	144.0	199.2	96.7	57.4
	中山	63.0	108.1	79.4	205.2	286.7	304.9	175.6	220.9	325.8	221.0	95.3	48.8
	潮州	62.6	117.3	92.3	187.9	134.0	198.6	240.5	164.3	182.0	145.1	86.8	68.5

（续表）

省（区、市）	市（区、县）	一月	二月	三月	四月	五月	六月	七月	八月	九月	十月	十一月	十二月
广东	揭阳	92.8	130.2	95.4	195.3	230.1	244.3	231.6	197.8	243.8	143.3	102.4	53.7
	南宁	68.7	59.9	80.6	104.5	120.4	145.6	198.6	193.1	120.0	87.7	71.1	59.5
	柳州	83.0	66.5	140.8	160.2	150.3	233.6	160.7	152.4	172.3	90.8	58.6	63.3
	桂林	70.4	95.4	86.4	230.2	226.9	243.6	255.9	123.6	110.6	107.2	94.6	62.6
	梧州	100.1	62.8	64.9	148.7	113.8	334.5	141.1	160.9	172.7	113.7	110.6	52.8
广西	北海	59.2	55.5	158.8	162.4	380.6	378.9	509.2	218.3	352.2	145.4	194.6	56.1
	钦州	93.5	85.6	76.4	164.8	150.1	235.6	318.0	324.4	187.9	163.6	100.9	61.3
	贵港	106.1	71.4	68.6	205.5	154.4	174.2	166.2	179.8	141.6	90.0	45.3	63.8
	玉林	107.6	80.0	72.1	159.0	155.8	139.6	146.5	158.1	202.4	130.6	72.3	52.6
	百色	52.1	30.9	51.0	83.6	137.5	169.8	142.3	118.9	113.3	138.3	47.1	58.6
	来宾	81.0	80.2	85.6	84.8	167.9	200.5	197.2	151.4	111.1	101.0	88.5	52.1
	崇左	77.6	64.1	59.5	91.6	215.5	151.4	178.2	122.1	179.5	65.6	45.5	52.9
海南	海口	35.8	41.5	91.6	130.1	124.9	210.2	283.0	326.7	327.9	292.5	176.7	52.7
	三亚	25.7	65.9	111.2	95.0	327.5	154.1	228.9	221.7	263.0	249.6	214.3	57.7
四川	成都	8.0	9.2	70.7	67.6	97.4	136.7	249.3	187.6	150.6	36.5	22.8	10.5
	自贡	9.2	20.2	22.9	125.7	95.6	301.1	189.8	165.9	59.2	54.2	28.9	14.1
	绵阳	16.8	17.8	25.7	155.1	111.5	306.0	163.3	215.7	259.5	66.8	40.0	10.3
	乐山	17.5	22.1	28.4	106.0	144.2	210.4	326.8	248.2	143.4	72.9	32.1	15.0
	南充	16.5	18.4	38.4	59.3	103.4	170.7	173.0	134.9	108.0	65.5	70.0	27.9
	宜宾	14.0	13.8	27.5	76.3	90.8	221.9	177.7	174.8	143.8	33.2	35.9	16.7
	雅安	16.7	21.0	31.2	116.3	110.4	145.9	200.3	339.7	106.8	43.6	37.9	16.0
	巴中	12.5	18.7	43.6	73.9	101.0	150.1	210.6	241.1	171.0	93.6	63.3	13.7
	资阳	12.1	16.2	21.2	74.7	81.3	125.2	266.3	148.4	96.5	51.8	23.7	16.1
	马尔康	6.5	13.2	19.4	26.2	53.0	53.5	45.4	44.0	45.6	27.8	16.7	6.2
	甘孜	7.5	13.0	20.0	28.5	28.2	31.5	37.7	33.4	34.1	30.5	25.2	9.1
	西昌	15.1	16.7	30.1	36.9	50.7	128.7	117.0	135.7	91.1	49.7	22.7	14.1
贵州	贵阳	25.2	34.1	55.8	101.9	88.0	111.4	130.2	113.0	113.5	69.8	27.6	32.2

（续表）

省（区、市）	市（区、县）	一月	二月	三月	四月	五月	六月	七月	八月	九月	十月	十一月	十二月
贵州	安顺	19.7	37.3	30.4	79.9	127.4	169.4	193.1	160.6	185.7	74.5	32.7	60.6
	铜仁	47.4	35.3	60.2	87.9	141.2	185.6	143.4	161.6	80.0	77.1	40.1	40.3
	毕节	27.3	13.1	21.5	55.9	66.1	146.1	115.8	112.0	94.4	68.1	38.5	17.4
	兴义	23.8	34.9	46.5	66.9	127.5	159.7	244.6	163.1	132.5	84.2	58.1	45.6
	凯里	37.1	27.5	68.0	100.5	138.2	179.8	256.5	88.7	116.4	111.9	31.4	39.0
	都匀	31.6	42.7	41.9	95.1	130.0	307.4	206.2	106.0	128.5	71.3	40.2	48.0
云南	昆明	46.3	40.9	46.5	34.8	111.9	165.4	87.8	93.3	153.3	85.3	41.7	30.6
	玉溪	46.0	70.0	41.7	44.5	80.6	85.9	91.1	93.9	70.2	64.0	98.0	38.5
	保山	45.2	53.2	33.7	83.4	82.3	99.2	117.0	74.1	68.4	88.4	84.9	54.0
	丽江	23.1	21.0	21.6	37.6	80.8	112.8	106.0	84.2	50.8	47.1	27.4	24.1
	曲靖	28.2	35.3	32.9	51.9	102.3	176.9	151.2	98.3	130.7	81.1	27.0	25.7
	临沧	26.1	29.4	38.4	41.9	82.7	87.7	97.0	97.4	69.8	62.6	76.7	45.1
	普洱	71.9	32.8	75.4	49.3	111.4	113.5	149.0	113.0	84.9	76.2	68.6	71.0
	蒙自	31.9	42.4	43.7	65.6	71.0	79.1	122.7	71.7	67.6	66.2	75.0	40.0
	景洪	68.0	50.0	85.9	55.2	140.6	101.5	111.0	130.0	126.4	119.7	77.4	40.6
	楚雄	38.8	30.4	22.0	29.5	79.4	174.0	115.9	94.3	103.7	55.0	33.7	21.0
	大理	55.6	53.5	49.6	31.1	87.0	90.7	113.8	136.8	83.7	116.6	45.0	62.3
	潞西	37.4	34.1	45.3	54.9	87.5	84.1	121.3	143.6	65.7	158.3	47.1	34.4
西藏	拉萨	4.1	9.6	17.0	15.4	24.0	38.3	41.6	39.5	33.7	15.5	7.2	3.0
	那曲	7.5	6.4	9.5	18.6	26.0	31.8	43.1	30.4	28.6	24.5	10.3	4.2
	昌都	5.2	9.8	17.6	18.0	26.1	30.5	55.3	38.8	31.4	19.0	14.3	8.8
	山南	8.7	4.9	11.7	15.1	25.8	36.4	42.9	37.6	38.5	17.6	4.1	1.6
	日喀则	6.3	1.6	9.4	11.3	22.1	44.3	42.6	45.1	39.3	13.3	3.9	0.3
陕西	西安	18.4	25.4	35.4	54.8	55.8	80.3	110.7	75.5	66.3	47.1	32.3	15.3
	铜川	10.3	18.4	32.0	54.8	60.9	75.0	96.0	132.8	71.9	39.8	29.2	9.5
	宝鸡	14.6	17.7	30.5	49.6	66.6	77.4	82.2	169.7	76.3	43.4	20.1	8.2
	咸阳	7.8	21.0	24.8	47.5	49.1	57.1	74.5	158.5	69.1	37.4	28.7	9.8

中 国 极 端 天 气 气 候 事 件 图 集
THE ATLAS OF EXTREME WEATHER AND CLIMATE EVENTS IN CHINA

(续表)

省(区、市)	市(区、县)	一月	二月	三月	四月	五月	六月	七月	八月	九月	十月	十一月	十二月
陕西	渭南	9.0	41.2	41.6	39.5	64.1	65.1	75.2	75.2	57.9	58.3	49.1	9.1
	延安	10.4	11.1	24.5	42.1	54.8	78.4	84.0	139.9	84.1	43.7	19.0	8.7
	榆林	9.5	13.0	28.6	43.1	43.9	60.6	93.1	141.7	63.2	19.3	19.3	6.3
	安康	10.7	21.3	37.0	44.5	75.9	95.1	142.8	124.1	92.3	69.1	35.8	15.2
甘肃	兰州	4.4	9.4	15.0	30.2	45.0	46.6	50.3	74.2	39.0	16.5	7.5	3.8
	金昌	3.1	3.6	5.9	12.8	15.0	65.4	38.4	28.1	26.2	20.3	6.5	2.9
	白银	4.6	2.6	8.8	16.6	29.6	40.6	82.2	47.2	24.8	11.5	5.8	1.9
	天水	6.0	12.0	24.8	35.6	40.9	81.7	69.5	88.1	49.8	36.8	20.6	7.5
	酒泉	4.6	5.2	14.1	14.9	37.0	22.1	32.3	31.2	39.0	14.9	4.8	4.3
	武威	4.2	5.3	22.6	18.4	22.5	26.4	53.1	44.6	21.7	21.5	8.0	3.9
	张掖	4.6	3.8	15.1	14.0	23.0	34.0	29.8	46.7	19.7	13.4	4.2	4.8
	平凉	5.6	7.4	18.9	42.1	58.0	71.3	166.9	63.2	47.8	37.2	11.3	6.1
	庆阳	7.4	11.8	19.0	55.9	61.1	47.6	100.3	115.6	65.8	35.1	21.0	6.2
	定西	5.3	5.1	31.0	31.9	46.6	40.2	56.3	62.3	31.3	21.0	12.5	5.4
	临夏	7.3	5.5	23.1	27.9	37.2	44.7	76.6	82.1	35.4	24.1	10.9	4.7
	合作	7.4	10.2	21.9	25.6	48.3	36.9	64.4	57.1	31.3	19.6	9.5	4.4
青海	西宁	4.0	5.9	19.1	24.5	35.9	35.8	57.9	62.2	36.3	21.5	15.4	3.1
	同仁	6.0	6.9	13.7	26.3	36.9	26.4	41.2	42.5	67.0	20.0	9.6	3.1
	共和	6.3	5.2	12.2	17.1	27.4	34.8	48.2	47.0	26.8	17.0	7.8	5.1
	玛沁	7.6	12.4	7.3	16.2	26.9	29.2	36.0	41.6	38.3	29.7	7.3	3.0
	玉树	7.2	9.1	17.6	14.9	27.8	38.8	38.4	31.3	25.7	19.7	7.1	6.5
	德令哈	8.2	7.0	16.8	17.7	36.3	25.7	35.4	30.6	26.1	13.6	8.7	7.3
宁夏	银川	3.9	13.7	19.7	26.1	33.7	60.0	87.1	61.5	33.0	21.6	10.2	4.7
	中卫	11.1	5.1	11.6	20.8	38.6	56.2	48.8	50.7	26.0	19.4	4.2	4.0
新疆	乌鲁木齐	15.9	17.1	27.5	29.6	42.5	57.7	57.0	48.4	39.6	26.7	13.4	14.5
	克拉玛依	4.4	5.5	15.2	23.0	40.1	22.8	29.8	20.3	10.1	11.4	9.1	5.0
	吐鲁番	5.5	6.0	20.7	5.7	18.4	13.6	10.9	36.0	9.9	10.5	11.0	5.6

省（区、市）	市（区、县）	一月	二月	三月	四月	五月	六月	七月	八月	九月	十月	十一月	十二月
新疆	哈密	5.4	6.7	7.3	18.9	17.7	25.5	25.5	15.4	13.4	17.9	19.1	6.5
	和田	6.1	10.0	16.7	12.6	19.3	26.6	15.1	17.5	20.8	13.0	4.9	3.4
	阿克苏	4.3	9.8	20.7	9.5	28.3	48.6	34.9	25.7	19.1	27.2	3.3	3.3
	塔城	21.2	52.3	20.6	42.5	42.7	56.9	32.8	44.6	13.8	37.1	30.1	25.3
	阿勒泰	20.0	21.4	15.0	22.8	22.5	40.5	41.2	28.4	19.5	16.9	21.9	25.2
	库尔勒	5.2	20.8	18.9	9.3	23.2	27.6	27.2	18.3	17.9	15.8	5.3	5.8
	博乐	9.5	13.4	26.4	38.9	36.4	29.0	41.0	30.6	41.7	48.6	25.3	12.4